Dampfloks in Deutschland

Udo Paulitz

Dampfloks in Deutschland

Erinnerungen an eine Ära 1945 – 1990

GeraMond

Unser komplettes Programm
finden Sie unter

www.geramond.de

Verantwortlich: Martin Distler
Satz: Silke Schüler
Repro: Cromika, Verona
Herstellung: Anna Katavic
Cover: Ralph Hellberg unter Verwendung von Abbildungen von Udo Paulitz
Printed in Italy by Printer, Trento

★★★★★

Sind Sie mit diesem Titel zufrieden? Dann würden wir uns über Ihre Weiterempfehlung freuen. Erzählen Sie es im Freundeskreis, berichten Sie Ihrem Buchhändler, oder bewerten Sie das Werk online. Und wenn Sie Kritik, Korrekturen oder Aktualisierungen haben, freuen wir uns über Ihre Nachricht an den GeraMond Verlag, Postfach 40 02 09, D-80702 München oder per E-Mail an lektorat@verlagshaus.de.

Sie sind auf der Suche nach weiterführender Literatur? Dann empfehlen wir Ihnen die Magazine „BAHN EXTRA“ oder „LOK MAGAZIN“. Hier werden Sie bestimmt fündig!

Die Deutsche Nationalbibliothek verzeichnet diese Publikation in der Deutschen Nationalbibliografie, detaillierte bibliografische Daten sind im Internet über http://dnb.d-nb.de abrufbar.

ISBN 978-3-95613-023-6

Udo Paulitz wurde 1946 in Geesthacht, Krs. Lauenburg/Elbe, geboren. Er ist gelernter Buchhändler, studierter Betriebswirt und passionierter, auf Diafotografie spezialisierter Fotoamateur. Bereits als Heranwachsender entdeckte er seine Begeisterung für nahezu alle Bereiche der technischen Historie. Bis Ende der 1970er-Jahre dokumentierte er die letzten Dampflokomotiven in Form aussagekräftiger Zug-/Landschaftsaufnahmen. In dieser Zeit bereiste er auch mehrfach die DDR und Ostberlin.

Die Deutsche Bundesbahn setzte Anfang der 1950er-Jahre noch einmal auf Dampflokomotiven, doch noch während die ersten Neubauloks entstanden, machten die modernen Traktionen so große Fortschritte, dass die Dampflok einem baldigen Ende entgegensah. So steht auch die in nur noch zwei Exemplaren beschaffte Baureihe 10 eher zwiespältig da, denn als sie nach einem fast zehnjährigen planerischen Hin und Her im März 1958 endlich in den Fahrdienst gelangte, gab es für diese leistungsstarke und formschöne Schnellzuglok eigentlich keinen rechten Bedarf mehr. Zumal sie infolge ihrer hohen Achslast von 22 t selbst manche Hauptstrecken nicht befahren konnte. Hier sehen wir im Mai 1963 die 10 001 vor dem Rechteckschuppen des Bw Kassel. (Edgar Fischer/Archiv GM)

INHALT

Dampfbetrieb bei der Deutschen Reichsbahn der DDR. Bei der Beschleunigung eines schweren Berufs-Personenzuges nach einem Zwischenhalt im Bahnhof Seitschen hat der Heizer der 01 2137 tüchtig aufgelegt. Dieser heute zu einem Haltepunkt degradierte frühere Bahnhof liegt an der Strecke Dresden – Görlitz, auf der zu DDR-Zeiten zahlreiche Schnellzüge von und nach Polen verkehrten. Deshalb sollte diese wichtige Relation nach der Ölkrise 1981 ursprünglich bis zum Jahr 1995 elektrifiziert werden. Durch die völlig unerwartete Wiedervereinigung verschoben sich aber die Prioritäten, denn der Lückenschluss im innerdeutschen Netz hatte nun Vorrang. Immerhin wurde die nach Kriegsende größtenteils auf eingleisigen Betrieb rückgebaute Strecke bis zum Jahr 2000 wieder durchgehend zweigleisig befahrbar. Heute verkehren auf dieser früher wichtigen Linie nur noch Nahverkehrszüge. (Slg. Paulitz)

Dampfbetrieb im Emsland (ggü. liegende Seite): Vom Heizerplatz der Schnellzugdampflokomotive 012 063 eröffnet sich ein faszinierender Ausblick auf die mit einem Kokszug entgegenkommende, schwarz qualmende Güterzuglok 044 238. Die 012 hatte am 11. August 1973, wobei der Autor das Glück hatte, im Führerstand mitfahren zu dürfen, den aus elf Reisezugwagen gebildeten Seebädersaisonzug D 1334 auf dem Abschnitt von Norddeich-Mole bis Rheine am Haken und jagte mit etwa 110 km/h über den Schienenstrang. Für die Weiterfahrt nach Köln war im Bahnhof Rheine Lokwechsel von Dampf auf Ellok.

ZU DIESEM BUCH

Steigen Sie ein zu einer entspannenden Entdeckungsreise!

Als vor bald 70 Jahren der Zweite Weltkrieg zu Ende ging, lagen weite Teile Europas, vor allem aber Deutschland selbst, in Trümmern. Genauso trostlos war auch das, was von der einst so stolzen Deutschen Reichsbahn-Gesellschaft (DRG) noch übrig war. Es dauerte Jahre, bis sich der Betrieb bei den jetzt in DB und DR getrennten Bahnverwaltungen halbwegs normalisiert hatte. Anfangs war man schon zufrieden, Transporte einigermaßen sicherstellen zu können. Und ohne die Dampflok wären auch die niemals möglich gewesen.

Kein Wunder, dass man der Dampfkraft weiterhin einen hohen Stellenwert einräumte. Neubauten sollten viele der älteren Maschinen nach und nach ersetzen. Aber schon Mitte der 1950er-Jahre ließ der Strukturwandel diese Pläne hinfällig werden. Der wirtschaftliche Aufschwung mit dem sprunghaft gestiegenen Güter- und Individualverkehr erforderte im Verkehrsbereich ein rasches Umdenken. Er zwang die Bahn, die Weichen für eine umfassende Modernisierung zu stellen. Bei der durch Reparationen und Demontagen nachhaltig behinderten DDR gab es eine ähnliche, allerdings zeitverzögerte Entwicklung. Seit den frühen 1960er-Jahren befand sich die Dampflok überall auf dem Rückzug. Die Bahn versuchte sich der Öffentlichkeit als „modernes" Unternehmen zu präsentieren. Diesel- und Elloks bestimmten immer stärker das Bild, während der Dampfbetrieb als rückständig galt. Auch die DDR-Reichsbahn konnte da nicht abseits stehen. Sie verfiel aber nicht dem Fehler, ihre Vergangenheit und damit sich selbst zu verleugnen.

Mit dem Niedergang des Dampfbetriebs setzte ein immer stärkerer Rückbau von Anlagen und Einrichtungen ein, dem die meisten Relikte der „alten" Eisenbahn zum Opfer fielen. Die noch vor wenigen Jahrzehnten so vielen baulichen Überbleibsel aus Länder- und Reichsbahnzeit sind – bis auf klägliche Reste – heute praktisch überall verschwunden. Ein blindwütiger Kahlschlag ist seither über all jenes hinweggezogen und hat nicht nur die Dampflokomotive als vermeintliches Symbol der Rückständigkeit hinweggerafft, sondern den gesamten Bahnbetrieb durch ein sachlich-nüchternes Einerlei ersetzt. Zugegeben, viele dieser Maßnahmen waren unumgänglich, um in dem immer härter werdenden Wettbewerb bestehen zu können. Aber unbedingt schöner sind die von einem Gewirr aus Masten und Drähten überzogenen Bahnhöfe und Strecken dadurch ganz gewiss nicht geworden.

Die Eisenbahnlandschaft mit ihrem detailreichen, uns als liebenswert in Erinnerung gebliebenem Drumherum hat sich total verändert. Und das meist nicht zu ihrem Vorteil. Früher fuhren die Züge durch eine idyllische, äußerlich intakte und kaum zersiedelte Landschaft, die weder durch Industriehallen, Einkaufszentren, Hochhäuser, neue Wohngebiete und übermäßigen Straßenbau zerschnitten und verunstaltet war. Die teilweise schon vor mehr als 150 Jahren entstandenen Bahnlinien hatten sich seither in ihre Umgebung harmonisch eingefügt, was man von den mit Schutzwänden umgebenen ICE-Neubaustrecken, aber auch von vielen Autobahnen und Fernstraßen wohl kaum behaupten kann. Sie bilden, vermutlich für immer, Fremdkörper in der Landschaft.

Ganz gewiss gehöre ich nicht zu jenen Menschen, die der irrigen Meinung sind, früher sei alles besser gewesen. Aber seien wir doch einmal ehrlich – zumindest um vieles sauberer war unser Lebensumfeld, einschließlich der Schie-

nenfahrzeuge und Bahnanlagen, schon. Angefangen von dem von einer Minderheit verursachten, von Obrigkeit und Gesellschaft fast als unabänderlich hingenommenen Vandalismus in Form von Schmierereien und sinnloser Zerstörungswut bis hin zu verkommenen, weil nicht von Menschenhand gepflegten Anlagen, die überdies Müllabladeplätzen immer ähnlicher werden. Dann an fast jeder freien Fläche die zweifelhaften Werbebotschaften der heutigen Überfluss- und Wegwerfgesellschaft – schreiend, primitiv und geschmacklos –, die sich in einem immer schnelleren Wechsel auf den modernen, schutzlosen Menschen ergießen. Eine Lösung von der Bahn zu erwarten, wäre ungerecht, wohl aber ist eine solche von einem ordnenden Staatsgefüge einzufordern. Wobei die Bahn auf dieser Welle eifrig mitschwimmt, indem sie Lokomotiven und Züge als Werbeträger nutzt.

Das vorliegende Werk soll Sie, liebe Leser, in eine Zeit entführen, in der diese Probleme noch weitgehend unbekannt waren und die Bahn als wichtigster Verkehrsträger in ihrer jenseits von Computern und Elektronik rein mechanisch gesteuerten, von Dampfzügen dominierten Welt erfolgreich agieren konnte. Der Betrachter wird eine Eisenbahnwelt entdecken, von der wir heute schon unvorstellbar weit entfernt sind und die niemals wiederkehren wird.

Verlag und Autor wünschen Ihnen viel Spaß, Freude und Entspannung auf Ihrer Entdeckungsreise durch die letzten Jahrzehnte des Dampfbetriebs in Deutschland.

Udo Paulitz
Duisburg

DIE HOCHRÄDRIGEN

Schnellzugloks und der Dienst auf Magistralen

Die großen Schnellzuglokomotiven standen stets im Mittelpunkt des Publikumsinteresses, sie wurden bewundert und bestaunt. Ob es an ihrem majestätischen Erscheinungsbild mit ihren mehr als mannshohen, filigranen Speichenrädern gelegen haben mag oder an dem Traum der meisten Menschen, einmal im Leben eine möglichst weite Reise zu machen – niemand kann genau sagen, welche Gründe in erster Linie ausschlaggebend für diese Faszination gewesen sind. Sie waren Lieblinge des Publikums, aber auch des Betriebsdienstes.

Genauso wie sich kaum ein Betrachter dem Reiz dieser gewaltigen Maschinen entziehen kann, standen die großrädrigen Dampfschnellzuglokomotiven stets im Mittelpunkt einer jeden Bahnverwaltung. Auf die Konstruktion solcher Lokomotiven wurde von jeder Bahngesellschaft seit jeher größter Wert gelegt, waren sie doch dazu ausersehen, Höchstleistungen bei der Beförderung schneller und schwerer Reisezüge auf den Hauptmagistralen zu vollbringen. Stets wurde die Leistungsfähigkeit einer Bahnverwaltung in erster Linie an diesen Maschinen gemessen. So wurde ihnen immer eine besondere Aufmerksamkeit zuteil, was sich über den Einsatz bis hin zur Wartung fortsetzte. Ebenso durften nur die besten und erfahrensten Lokpersonale auf diesen Maschinen Dienst verrichten. Sehr viel Wert wurde auf ein sauberes und gepflegtes Erscheinungsbild der Lokomotiven gelegt, waren sie doch sozusagen das Aushängeschild einer jeden Bahn, mit der sich damals – oftmals ganz im Gegensatz zu heute – nicht nur die Personale, sondern fast alle Mitarbeiter identifizierten. So war es für Lokführer und Heizer eigentlich eine Selbstverständlichkeit, bei längeren Aufenthalten oder anderen Gelegenheiten den Putzlappen zur Hand zu nehmen. Sie waren stolz auf ihre Maschine und wären nie auf die Idee gekommen, mit einer verdreckten Lok an den Zug zu fahren!

Fortentwicklung mit Kompromissen

Ihr Bau stellte die Konstrukteure vor viele Probleme, mussten doch Wirtschaftlichkeit, Stärke, Geschwindigkeit, Zuverlässigkeit und nicht zuletzt auch die Formgebung zu einer ausgewogenen Synthese vereinigt werden. Große Zugkraft, verbunden mit einer überdurchschnittlichen Schnelligkeit – das waren die völlig gegenläufigen Eigenschaften, die von einer solchen Maschine gefordert wurden. Der bei hohen Drehzahlen steigende Verschleiß und der Ausgleich der Massenkräfte waren dabei besonders im Auge zu behalten. Ohne Kompromisse waren solche Forderungen fast nie zu realisieren. So spielte es für die Wahl des Treib- und Kuppelraddurchmessers eine große Rolle, ob die Maschinen überwiegend auf Flachlandstrecken oder im Berg- oder Hügelland eingesetzt werden sollten. Diese Frage war sowohl für die Größe der Treibräder und damit die zu erreichende Höchstgeschwindigkeit, als auch für die Achsfolge entscheidend. So waren die reinen Flachlandrenner fast immer dreifach gekuppelt und besaßen meist Räder mit 2000 mm Durchmesser, während für das Hügelland eine vierfach gekuppelte Lokomotive mit kleineren, 1650–1850-mm-Rädern die bessere Alternative darstellte, da diese größere Zugkräfte entwickelte.

Ggü. liegende Seite: Im Transitreiseverkehr zwischen DDR und BRD wurden bis 1973 Dampflokomotiven der Schnellzugbaureihe 01 [5] der Deutschen Reichsbahn (DR) eingesetzt. Bei dieser Aufnahme oberhalb des Portals des Hönebach-Tunnels sehen wir die ölgefeuerte 01 0528 vor dem internationalen Schnellzug D 217 (Paris – Frankfurt/M – Bebra – Erfurt – Berlin-Ostbahnhof) bei anstrengender Bergfahrt unmittelbar vor der Einfahrt in das 983 m lange dunkle Gewölbe. (Slg. Paulitz)

Im Vergleich zu modernen Traktionen erforderten Dampflokomotiven einen wesentlich höheren Wartungs- und Pflegeaufwand. Vor allem das stets hochbelastete Triebwerk muss bei jeder sich bietenden Gelegenheit im Auge behalten werden. Hier kontrolliert ein 01-Lokführer die Treibstangenlager auf Temperatur und ausreichenden Schmierölstand. (Slg. Brinker)

Reichten noch gegen Ende des 19. Jahrhunderts Lokomotiven mit der Achsfolge 2´ B zur Beförderung der meisten Schnellzüge aus, kamen diese Maschinen infolge der gestiegenen Zuggewichte schon bald an ihre Leistungsgrenzen. So führte die Entwicklung zunächst zur 2´ B 1´-Lokomotive, der sogenannten Atlantik-Bauart. Als auch diese Maschinen nicht mehr ausreichten, gingen schließlich fast alle größeren Länderbahnverwaltungen zur dreifach gekuppelten Schnellzuglokomotive, der Pacific-Bauart mit der Achsfolge 2 ´C 1´, über. Die Badischen Staatseisenbahnen waren die erste deutsche Verwaltung, die 1907 mit der Gattung IV f Lokomotiven mit dieser Radsatzfolge beschaffte. Lediglich die Preußische Staatsbahn baute keine Pacific-Lokomotiven. Vermutlich aus Gründen der Sparsamkeit setzte man mit den verschiedenen S 10-Bauarten auf leistungsfähige 2 ´C-Maschinen, die sich sehr gut bewährten und den damaligen Ansprüchen vollauf genügten. Zu der Zeit entstanden sehr leistungsfähige, teilweise in Vierzylinder-Verbundbauweise ausgeführte Lokomotiven, allen voran die berühmte bayerische S 3/6 (DRG-Baureihe 18 $^{4-5}$) und die badische IV h (DRG-Baureihe 18 ^{3}). Letztere war mit 2100 mm Treibraddurchmesser eine äußerst schnelle Maschine, die aber trotz ihrer hervorragenden Langlaufeigenschaften immer ein Schattendasein führen musste.

Seit seiner Inbetriebnahme im Jahr 1906 ist der Hamburger Hbf mit seiner gewaltigen Hallenkonstruktion das wichtigste Zentrum des Reisezugverkehrs in Deutschlands Norden. Er war und ist End- und Ausgangsbahnhof für den Verkehr nach Berlin und alle wichtigen Nord-Süd-Verbindungen. Im Jahr 1956 verlässt die seit Mai 1954 im Bw Hamburg-Altona beheimatete Dreizylinder-Schnellzuglok 03 1011 als Vorspannmaschine einer Zweizylinder-03 mit dem D 84 zur Weiterfahrt in Richtung München den Bahnhof. (CB/Slg. Paulitz)

Während des Ersten Weltkriegs machte sich die große Typenvielfalt des Lokomotivparks der deutschen Länderbahnen besonders nachteilig bemerkbar. Dies war der ausschlaggebende Grund dafür, im Jahr 1920 die Deutsche Reichsbahn-Gesellschaft (DRG) ins Leben zu rufen. Diese stellte schon bald ein Beschaffungsprogramm für Lokomotiven auf, das auf weitgehend einheitlicher und konsequenter Normung und Typisierung möglichst vieler Bauteile und ganzer Baugruppen basierte. Damit war in der Regel ein Austausch zwischen mehreren Baureihen möglich. Die Maschinen waren fast alle als Zweizylinder-Heißdampflokomotiven mit einfacher Dampfdehnung und großer Rostfläche konstruiert.

Die erste Einheits-Schnellzuglokomotive war die ab 1925 gebaute 2´C 1´-Lokomotive der Baureihe 01 mit einfachem Zwillings-Triebwerk und 20 t Achslast. Für den Betrieb auf den damals noch weitverbreiteten Strecken mit leichterem Oberbau entstand ab 1930 die für 18 t Achslast ausgelegte Baureihe 03 in ansonsten weitgehend identischer Bauweise. Ein grundsätzliches Problem ergab sich bei schnell fahrenden Zweizylinderloks beim Massenausgleich in den gekuppelten Radsätzen. Bei all diesen Maschinen war diesem zu wenig Aufmerksamkeit geschenkt worden. Dies bewirkte nicht nur einen unruhigen Lauf, sondern übertrug auch Zuckschwingungen auf die ersten Wagen, was sich für die Fahrgäste bei höheren Geschwindigkeiten recht störend bemerkbar machte.

Nachdem die DRG ab 1934 die Fahrtzeiten im hochwertigen Reisezugdienst verkürzt hatte, waren auch die neuen Einheitslokomotiven an der Grenze ihres Leistungsvermögens angelangt. Daher entschloss man sich zum Bau von Dreizylinderlokomotiven der Baureihe 01^{10} (für 20 t Achslast) und 03^{10} als leichterer Variante für 18 t. Beide Baureihen waren für 150 km/h Höchstgeschwindigkeit zugelassen und mit einer Stromlinienverkleidung, welche gerade in höheren Geschwindigkeitsbereichen größere Leistungsgewinne brachte, ausgerüstet. Infolge des Krieges wurden nur noch wenige Maschinen ausgeliefert. Mindestens genauso wichtig wäre den deutschen Bahnen allerdings eine vierfach gekuppelte Schnellzuglokomotive zur Beförderung schwerer Reisezüge im Hügelland der Mittelgebirge gewesen. Sie fehlte bis zum Schluss, obwohl sie vom Betriebsdienst stets gefordert worden war. Insgesamt stellten die deutschen Eisenbahnen in ihrer Geschichte weit über 900 Pacific-Schnellzuglokomotiven in Dienst.

Höchstleistungen und Schwanengesang

Durch die gewaltigen Kriegszerstörungen dauerte es bis zum Beginn der 1950er-Jahre, bis sich die betrieblichen Verhältnisse bei den Bahnen in dem nun zweigeteilten Restdeutschland wieder einigermaßen normalisiert hatten. Die Schnellzugdampflokomotiven beider deutschen Bahnverwaltungen mussten nun – trotz ihres teilweise schon hohen Alters – vor langen Zügen Schwerstarbeit leisten und Langläufe vollbringen, die jene der Vorkriegszeit sehr häufig übertrafen. Erzielten bei der DB im Jahr 1959 60 Loks der Baureihen 01, 01^{10} und 03^{10} tägliche Laufleistungen von über 650 km, so erzielten bei der DB im Jahr 1959 60 Loks der Baureihen 01, 01^{10} und 03^{10} tägliche Laufleistungen von über 650 km. 1961 konnten Loks der Baureihe 01^{10} des Bw Bebra mit Tageshöchstleistungen von mehr als 1100 km – der Spitzenwert betrug 1188 km – aufwarten. Bei den Monatsleistungen erreichte im Juli 1961 die 01 1104 mit 27.504 km den absoluten Höchstwert. Und im Sommerfahrplan 1968 kamen 39 Dampfschnellzuglokomotiven immer noch auf eine durchschnittliche Laufplanleistung von 623 km pro Maschine. Als mit Beginn des Winterfahrplans 1968/69 die Elektrifizierungslücke auf der „Rollbahn" von Osnabrück nach Hamburg geschlossen wurde, endete von einem Tag auf den anderen der Einsatz der Baureihe 01^{10} auf der letzten großen, ihr vorbehaltenen Fernstrecke. Zuvor hatten 11 Lokomotiven dieser Baureihe noch einen Schnitt von 883 Kilometern pro Tag erreicht.

Diese Höchstleistungen waren – sowohl bei DB als auch bei DR – nur durch mehr oder weniger umfangreiche Umbauten und Verbesserungen an den Maschinen möglich. Da auf die Dampftraktion im hochwertigen Reisezugdienst mittelfristig noch nicht verzichtet werden konnte, erhielten viele Loks neue geschweißte Hochleistungskessel mit Verbrennungskammern und andere leistungssteigernde Einrichtungen, wozu in erster Linie die Ölfeuerung zählte, mit der vor allem der Heizer entlastet wurde. Bei diesen

Eine der bedeutendsten Drehscheiben des Schienenverkehrs im Westen Deutschlands war seit jeher der Kölner Hbf. Aufgrund seiner strategisch ungünstigen Lage wurden Stadt und Bahnhof während des Krieges durch alliierte Bombenangriffe stark in Mitleidenschaft gezogen, wobei der berühmte Dom aber weitgehend unbeschädigt blieb. Als diese Aufnahme in den frühen 1950er-Jahren entstand, hatte sich der Bahnbetrieb wieder weitgehend normalisiert. Hier warten gleich drei Lokomotiven auf freie Fahrt über die zu dieser Zeit nur zweigleisig befahrbare Hohenzollernbrücke: Lok 39 096 des Bw Jünkerath, die 38 1889 vom Bw Köln-Deutzerfeld und die noch mit altem Kessel im Einsatz befindliche, ehemalige Stromlinien-Schnellzuglok 01 1075 des Bw Hagen-Eckesey mit ihrem freiliegenden, sehr klobig wirkenden Oberflächenvorwärmer. (CB/Slg. Knipping)

Umbauten und Rekonstruktionen ging die DR konsequenter vor als die DB und erzielte damit sehr gute Erfolge. Dies geschah vor allem deshalb, weil abzusehen war, dass die DR-Dampflokomotiven noch ziemlich lange im Einsatz bleiben würden. Die DR unterzog insgesamt 35 Lokomotiven der Baureihe 01 einer umfassenden Rekonstruktion, die daraufhin unter 01^{5} geführt wurden. Bei der DB entstanden 1957 noch zwei Pacific-Lokomotiven der Baureihe 10, die aber schon bis 1968 abgestellt worden waren.

Der ab Mitte der 1950er-Jahre bei der DB eingeleitete Strukturwandel ließ den Planbedarf an Schnellzugdampflokomotiven beständig sinken. 1957 standen noch täglich 381 Maschinen im Planeinsatz. Zwei Jahre später waren es noch 306 und ab dem Winterfahrplan 1968 nur noch 53 Lokomotiven. Sie leisteten damit gerade einmal 0,6 % der jährlichen Triebfahrzeugkilometer im Schnellzugdienst. Diesel- und Ellok hatten die Dampflok schon weitgehend von den Hauptstrecken verdrängt. Der Dampfbetrieb vor Reisezügen fand schon lange nicht mehr flächendeckend, sondern nur noch in einigen inselartigen Reservaten und Randgebieten statt. Mit Beginn des Sommerfahrplans 1975 endete bei der DB der Dienst mit Schnellzugdampflokomotiven.

Bei der DR zog sich das Ende des Dampfeinsatzes vor Schnellzügen noch um einiges länger hin. 1970 befanden sich bei der Reichsbahn immerhin noch 152 Schnellzugloks im Bestand, der sich binnen zehn Jahren allerdings auf 56 verringern sollte. Unerwartet lange hielten sich die Reichsbahn-Pacifics im Einsatz, aber bis 1982 war es auch bei der DR mit dieser Herrlichkeit vorbei.

Die bei der Deutschen Reichsbahn der DDR verbliebenen 01-Lokomotiven wurden zeit ihres Einsatzlebens weitgehend im Originalzustand belassen, wozu auch die großen Reichsbahn-Windleitbleche der Bauart Wagner zählten. An einem Augusttag des Jahres 1977 ist die im Bw Dresden beheimatete 01 2118 gerade mit einem schweren Schnellzug im Berliner Ostbahnhof in Richtung Dresden gestartet. Diesen beschleunigt sie unter Volldampf in der Nähe des S-Bahn-Haltepunkts Warschauer Straße und passiert einen am rechten Bildrand sichtbaren S-Bahnzug. Die große Straßenbrücke bot eine vortreffliche Übersicht auf die weitläufigen Gleisanlagen. Von 1967 bis 1977, also über einen Zeitraum von rund zehn Jahren, wurden die letzten 13 Schnellzugloks dieser Baureihe auf der 175 Kilometer langen Hauptmagistrale Berlin-Ostbahnhof – Dresden vor teilweisen sehr schweren, internationalen Schnellzügen eingesetzt. Aufgrund der meist sehr knappen Fahrzeiten wurden sie stark gefordert. Es war die letzte Domäne dieser wohl berühmtesten Reichsbahn-Schnellzugbaureihe, bei der sie – artgerecht eingesetzt und im hochwertigen Reisezugverkehr verwendet – auf dieser Rennstrecke noch einmal zeigen konnte, was in ihr steckte. (Slg. Paulitz)

Die sehr gepflegte Schnellzugdampflok 01 2137 (ex. 01 137) der DR ist vor dem aus zehn Bghw-Reisezugwagen gebildeten Personenzug P 3810 im Bahnhof Bautzen zum Halten gekommen und wartet auf Weiterfahrt. Der an der Strecke Görlitz – Dresden gelegene, im Jahr 1846 eröffnete Bahnhof ist ein klassischer Durchgangsbahnhof mit drei Gleisen. Das große Empfangsgebäude wurde nach der Zerstörung gegen Ende des Krieges vereinfacht wieder aufgebaut. Die abgebildeten Bghw-Reisezugwagen entstanden ab 1967 in weit über 3.000 Stück durch Rekonstruktion der noch sehr zahlreich aus der Länderbahnzeit vorhandenen vierachsigen Abteilwagen. Sie waren für 120 km/h zugelassen und wurden bis weit in die 1980er-Jahre in allen Zuggattungen des DDR-Binnenverkehrs (außer in Städteexpresszügen) eingesetzt. Vom Komfort her entsprachen sie allerdings eher den Bedürfnissen des Nahverkehrs. Geradezu fremdartig aber wirkt aus heutiger Sicht der saubere und nirgends durch Schmierereien und andere „Kunstwerke“ verschönerte Wagenpark. Ob man fremdes Eigentum nur deshalb respektierte, weil Farb-Spraydosen damals noch weitaus weniger verbreitet waren als heute? (Slg. Paulitz)

Rechte Seite: Am späten Nachmittag eines Julitages im Jahr 1968 wartet die noch nicht auf das neue EDV-Nummernsystem umgezeichnete Schnellzuglok 01 061 des Bw Trier unter der großen Halle des Kölner Hbf auf Ausfahrt. Sie führt einen Eilzug nach Gerolstein, der teilweise aus den als Prototypen gebauten Doppelstockwagen der Gattung DAByg 548 gebildet ist. Diese nur in kleiner Stückzahl entstanden Wagen wurden verschiedentlich auf der Eifelbahn eingesetzt. Kaum einen Monat später, am 19. August des gleichen Jahres, musste die im Jahr 1928 bei der Berliner Maschinenbau-Aktiengesellschaft vormals L. Schwartzkopff gebaute stolze Schnellzuglokomotive durch z-Stellung ihren Abschied von der Schiene nehmen. Sie wurde noch vor Jahresende ausgemustert und verschrottet.

01 061

Frankenland
001 202-1
Prosit
Neujahr

Linke Seite: Auf der Relation Hof – Bamberg wurden bis zum Beginn des Sommerfahrplans 1973 die letzten Schnellzugdampfloks der Baureihe 01 im Reisezugdienst eingesetzt. Der schwere, oft aus zwölf Wagen bestehende, ab Hof verkehrende Eilzug E/D 658 „Frankenland“ musste aufgrund seiner hohen Last in der Regel von zwei Lokomotiven dieser Baureihe gefahren werden. Am letzten Tag des Jahres 1972 waren die Maschinen 001 202 und 001 173 für diese Leistung eingeteilt. Es herrschten arge Minustemperaturen mit starkem Ostwind, als sich die beiden Maschinen in der Nähe des Haltepunkts Förbau mit schätzungsweise 90 km/h donnernd in die Kurve legten. Die Kreideaufschrift „Frankenland“ auf der Rauchkammertür der Vorspannmaschine stammt aus der Hand des Autors, der auf der Lokleitung die Reihenfolge der Bespannung erfragt hatte. (Hans-Jürgen Eggerstedt)

Oben: Bei grimmigen 15 Grad Minus, einer Temperatur, der sich kaum jemand grundlos aussetzt, war es an einem der letzten Tage des Jahres 1972, zumindest für unsere Breiten, schon empfindlich kalt. Der Grund für den Fotografen, sich den Frost anzutun, war der von der 001 173 bespannte recht kurze Eilzug E 1791 Bamberg – Hof, der in der Nähe des Dörfchens Fattigau mit einer langen Dampffahne die gefrorenen, von Raureif überzogenen Wiesen durchfuhr und von seinem Ziel nicht mehr weit entfernt war. Das geschlossene Führerstandfenster der Lok ist ein untrügliches Indiz für den schneidend kalten Fahrtwind, der an diesem Morgen herrschte.

Zu Beginn der 1970er-Jahre waren die Bahnstrecken in der Region Oberfranken das Ziel zahlloser Eisenbahnfreunde aus aller Welt. Der Grund für diese Aktivitäten waren die letzten beim Bw Hof stationierten Schnellzugdampfloks der Baureihe 01, die den Reisezugverkehr auf den von diesem Bahnhof ausgehenden Strecken bedienten. Der von Hof bis Würzburg als Eilzug und von dort bis Saarbrücken weiter als D-Zug verkehrende E/D 658 wurde aufgrund seiner großen Zuglast von teilweise mehr als 500 t auf dem 127 Kilometer messenden Abschnitt bis Bamberg fast immer von zwei Maschinen dieser Baureihe gezogen. Am 15. Februar 1973 waren die Loks 01 008 und 088 für diesen Dienst eingeteilt. Hier rollen sie mit beigezogenen Reglern unter einem schneeverhangenen Himmel durch den weitgeschwungenen, eingleisigen Abschnitt zwischen den Bahnhöfen Falls und Marktschorgast im Gefälle zu Tal.

Beim Blick aus einem der – damals noch zu öffnenden – Zugfenster eines dampfgeführten Zuges sind die durch Geruch, Fahrgeräusche und Qualmwolken erzeugten Eindrücke bis heute unvergessen. Besonders dann, wenn sich gleich zwei Maschinen am Zug befanden. Hier legen sich die dem E/D 658 „Frankenland" vorgespannten, noch in der Beschleunigungsphase befindlichen Schnellzugloks 001 103 und 001 173 unweit des Haltepunktes Hof-Moschendorf mit Volldampf in die Kurve.
(Hans-Jürgen Eggerstedt)

001 111-4
Unt L2L
16.11.70

Links: Im Jahr 1934 bei der BMAG gebaut und an die Deutsche Reichsbahn-Gesellschaft geliefert, kam 01 111 später in den Bestand der Deutschen Bundesbahn. Dort erlebte sie die Umzeichnung auf Computernummer noch im aktiven Dienst; von 1968 bis 1973 war sie in Hof beheimatet, heute steht sie im Deutschen Dampflokomotiv-Museum in Neuenmarkt-Wirsberg.

Oben: Eine Neubaukessellok (001 103) und eine Altbaukesselmaschine (001 173) teilten sich am 9. Juli 1972 die Arbeit vor dem aus zwölf Wagen und einem Zuggewicht von 511 t gebildeten E/D 658. Hier sehen wir die beiden Lokomotiven, vereinigt mit den aus dem Interzonenzug D 852 beigestellten Kurswagen aus Dresden, im Bahnhof Hof kurz vor der Abfahrt in Richtung Bamberg. (Hans-Jürgen Eggerstedt)

Eine Sternstunde für den Fotografen! Denn es gehörte nicht nur Können, sondern auch eine ungeheure Portion Glück dazu, genau zur rechten Zeit am richtigen Ort zu sein, um die sich täglich in den Kauerndorfer Wiesen zwischen Kulmbach und Ludwigschorgast kreuzenden Eilzüge E 658 und E 659 so optimal zu erwischen. An einem frostigen Dezembertag des Jahres 1972 aber glückte es: Von rechts nähert sich die Neubaukessellok 001 180 mit dem E 658, während die dem E 659 vorgespannte 001 168 mit Altbaukessel von links herandonnert. Die Schafe auf der Weide ließ dieses für den Fotografen einem Jahrhundertschuss gleichende fotografische Ereignis allerdings fast unbeeindruckt. (Slg. Paulitz)

Rechte Seite: Vor Beginn einer jeden Zugfahrt muss dem Lokführer ein Bremszettel ausgehändigt werden, der über Art und Eigenschaften des Wagenzuges, wie Zahl der Achsen, Zugmasse und Bremsverhältnisse, Auskunft gibt. Hier übergibt der Zugführer dem Meister der Schnellzuglok 01 130 in München Hbf dieses wichtige Dokument. Bei der 01 130 handelt es sich um eine 1935 bei den Kasseler Henschel-Werken gebaute Maschine, die seinerzeit zum Bw Treuchtlingen gehörte. Am 5. November 1959 erhielt die Lok einen Neubaukessel, wurde aber bereits nach knapp neun Jahren und kaum zur Hälfte abgeschrieben beim Bw Nürnberg Rbf ausgemustert. (L. Rotthowe)

Deutsche Bundesbahn
WM 80

01 151

01 200

Links oben: An einem Augusttag des Jahres 1965 entstand das Foto der noch unter ihrer ursprünglichen Betriebsnummer geführten Hofer Schnellzuglok 01 151 im Bw Bamberg. Die sehr gepflegte, 1935 von Henschel gebaute Maschine gehörte zu jenen Lokomotiven, die ihren Ursprungskessel behielten. 1968 wurde sie zwar noch als 001 151-0 in das neue computergerechte Nummernsystem aufgenommen, allerdings bereits am 2. Oktober 1968 ausgemustert. (Slg. Paulitz)

Links unten: Ebenso wie bei der 01 151 waren Hersteller und Baujahr der am 2. Juni 1968 im Bw Kassel abgelichteten 01 200 identisch. Damals gehörte die seit 1959 mit einem Neubaukessel ausgerüstete, sehr gedrungen und wuchtig wirkende Maschine zum Bw Paderborn. Als 001 200-5 kam sie noch zum Bw Hof, wo sie am 9. August 1971 auch ausgemustert wurde. (Hans-Jürgen Eggerstedt)

In den 1950er-Jahren, zu Zeiten des Wirtschaftswunders, konnten sich die Steinkohlenzechen, Kokereien, Eisenhütten, Walzwerke und somit die gesamte Schwerindustrie über Arbeitsmangel nicht beklagen. Ganz im Gegenteil – überall rauchten die Schlote, und nicht selten wurde rund um die Uhr gearbeitet. Vor der markanten Silhouette der im Kreis Unna gelegenen Zeche Königsborn III/IV in Bönen kreuzt am 3. Mai 1956 die 03 166 des Bw Hannover vor dem F 17 „Germania" die auf Ausfahrt wartende, dem F 14 „Dompfeil" vorgespannte 01 063 des Bw Hamm P. Diese Züge gehörten zu einer Dreiergruppe von stets lokbespannten Fernschnellzügen, die zu verschiedenen Tageszeiten hauptsächlich Geschäftsreisende von Rhein und Ruhr nach Hannover brachten. Heute ist im kohlefördernden Bergbau der Strukturwandel längst zur Tatsache geworden. Die hier zu sehenden Zechen wurden bereits im Mai 1981 stillgelegt und bis auf den markanten Förderturm über Schacht IV nahezu restlos abgebrochen. (CB /Slg. Paulitz)

01 2050-1

Linke Seite: Am 27. Juni 1977 hat die DR-Schnellzuglok 01 2050 (ex. 01 050) mit dem internationalen Schnellzug D 378 „Istropolitan“ mit Laufweg Bratislava – Berlin ihren Zielbahnhof Berlin-Ostbahnhof erreicht und ist außerhalb der markanten Hallenarchitektur zum Halten gekommen. Ostberlin war zu der Zeit sozusagen Europas letzte Dampfmetropole und daher seit Jahren ein überaus attraktives Reiseziel für Eisenbahnfreunde aus aller Welt. Und das nicht ohne Grund, denn zu einer Zeit, als im Bw Rheine die letzten 012 abgestellt wurden und sich die Dampfloks auch in praktisch allen europäischen Großstädten verabschiedet hatten, waren hier noch unverhältnismäßig viele Schnellzugdampfloks verschiedener Baureihen im Reisezugdienst zu bewundern.

Zwei Traktionsarten – Dampf und Diesel – teilten sich am 5. September 1954 die Arbeit des in der Nähe von Treuchtlingen fotografierten Fernschnellzuges FD 290 mit Laufweg Hamburg – München. Die aus der Ellok E 16 04 und der Schnellzugdampflok 01 079 gebildete doppelte Bespannung – die beiden Lokomotiven waren ungefähr gleichaltrig – war vom Zuggewicht her sicherlich nicht unbedingt erforderlich. Sie dürfte vermutlich umlaufbedingt gewesen sein, damit eine zusätzliche Lokleerfahrt vermieden werden konnte. Die 01 079 befand sich ab Würzburg am Zug und gehörte damals zu den beim Bw Treuchtlingen beheimateten 01-Lokomotiven, die im Sommer 1950 anstelle der bisherigen P 10-Lokomotiven (DRG-Baureihe 39) dieser Dienststelle zugeteilt worden waren. (CB/Slg. Paulitz)

Der während des Krieges durch alliierte Luftangriffe stark in Mitleidenschaft gezogene und bis Ende 1965 weitgehend im Originalzustand wieder aufgebaute Leipziger Hauptbahnhof ist der flächenmäßig größte Kopfbahnhof Europas und wird damals wie heute von zahlreichen Fernzügen frequentiert. Dieses riesige Areal besteht aus sechs Hallen mit einer verglasten Gesamtfläche von 60.000 qm, welche die 26 Bahnsteiggleise überspannen. In den 1990er-Jahren wurde der Bahnhof zur kommerziellen Mehrfachnutzung umgestaltet, teilweise aufwendig entkernt und mit zwei zusätzlichen Stockwerken versehen, die ein Einkaufszentrum und zahlreiche Geschäfte beherbergen. Bis Anfang der 1980er-Jahre war der Bahnhof noch fahrplanmäßiges Ziel von Dampflokomotiven des Bw Saalfeld. Hier sehen wir die 1964 aus der 01 184 rekonstruierte ölgefeuerte Schnellzugdampflokomotive 01 0522, die im Sommer 1977 mit einem aus Reichsbahn-Umbauwagen gebildeten Eilzug abfahrbereit vor der gewaltigen Hallenkonstruktion steht. Beachtenswert ist der sehr saubere Pflegezustand der Lokomotive. Dieser hob sich in der Regel sehr wohltuend von jenem vieler DB-Dampflokomotiven in ihren letzten Einsatzjahren ab.

Rechte Seite: Besonders zum Ende der Dampflokepoche durften die großen, starken Schnellzugrenner hinsichtlich der ihnen zur Bespannung anvertrauten Züge nicht mehr sehr wählerisch sein. Nicht selten mussten sie unter ihrem Wert eingesetzt werden. Das konnte zwar auch umlaufbedingt begründet sein, weitaus häufiger aber lag der Grund darin, dass es wegen des immer schneller fortschreitenden Strukturwandels in der Zugförderung immer weniger adäquate Einsatzmöglichkeiten für diese leistungsstarken Maschinen gab. Hier begegnen wir der auf Kohlefeuerung rückgebauten Schnellzuglokomotive 01 1519 in der Abenddämmerung eines kalten Februartages, als sie bei einem Halt im Bahnhof Meinigen einen Personenzug am Haken hat. Gerade die Tagesrandzeiten mit ihren spärlichen Beleuchtungsverhältnissen hielten für den mit Stativ bewaffneten Eisenbahnfotografen viele reizvolle Motive und Stimmungen bereit. Neben der Lokomotive sind die beleuchteten Zugzielanzeiger beachtenswert, die heute in dieser Form praktisch überall verschwunden sind. Aber auch die Bahnsteigüberdachung ist gewiss nicht mehr ganz taufrisch. (Slg. Paulitz)

BAHNSTEIG 2
NORDHAUSEN
EISFELD
ERFURT
ZELLA-MEHLIS
REINWEIHSHAUSEN
01 1519-6

Unterhalb der Dornburger Schlösser durcheilt die DR-Rekolokomotive 01 .1531 mit einer Garnitur Doppelstockwagen auf dem Weg nach Saalfeld in schneller Fahrt das Saaletal. In ihrem ersten Einsatzleben als 01 158 bei der DRG beschäftigt, war die Lokomotive am 22. Dezember 1939 als Zuglok des D 180 die Verursacherin der verheerenden Eisenbahnkatastrophe im Bahnhof Genthin, die seinerzeit mindestens 186 Todesopfer und 106 Verletzte forderte. Die nahezu schrottreife Maschine wurde aufgrund des großen kriegsbedingten Lokmangels mit großem Aufwand wieder hergerichtet und 1941 erneut in Dienst gestellt. Bei der Reichsbahn der DDR wurde die Lok in das DR-Rekonstruktionsprogramm aufgenommen und 1964 zur 01 531 umgebaut. Zwischen Juni 1978 und März 1983 gehörte die Maschine zum Bestand des Bw Saalfeld. Seit Ablauf der Untersuchungsfristen im Juni 2000 steht die Lokomotive als Ausstellungsstück in Arnstadt. (Slg. Paulitz)

Rechte Seite: Lokführer und Heizer der im Bahnhof Berlin-Lichtenberg auf Ausfahrt wartenden rostgefeuerten 01 1515 blicken an einem Augusttag des Jahres 1977 freundlich in die Kamera des Fotografen. Nach Ende der Dampflokzeit ist der Beruf Heizer – zumindest was die deutschen Bahnverwaltungen angeht – praktisch ausgestorben. Die ursprünglich als 01 160 von der DRG in Dienst gestellte Lokomotive gehörte zu einem 1935 von Henschel in Kassel ausgeführten Baulos. 1963 wurde die Maschine rekonstruiert und war anfangs als 01 515 beim Bw Erfurt P stationiert. Seit Mai 1964 befand sich die Lokomotive mit einigen Unterbrechungen überwiegend im Berliner Raum bei den Bw Schöneweide und vor allem Berlin-Ostbahnhof, wo sie auch am 23. Oktober 1979 ihr Einsatzleben durch Ausmusterung beendete.

Deutsche Reichsbahn
01 1515-4
Rbd. Berlin
Bw. Osb.

Bis in die frühen 1970er-Jahre war das Fotografieren von Zügen in der DDR stets mit einem nicht unerheblichen Risiko verbunden. Besonders dann, wenn es sich um solche mit militärischem Ladegut handelte. Ebenso waren Örtlichkeiten mit möglicherweise unter Geheimhaltung stehenden Baulichkeiten tunlichst zu meiden. Da dies oftmals nicht zweifelsfrei erkennbar war, konnte mitunter bereits ein in der Nähe befindlicher Fabrikschornstein zu Unannehmlichkeiten führen. Eine 1974 erlassene Verfügung machte manches leichter, denn seither war das Fotografieren von öffentlich zugänglichem Gelände aus gestattet. Trotzdem konnten auch weiterhin allzu dienstbeflissene Organe, aber auch die Verbote gewohnten, „pflichtbewussten" DDR-Bürger Schwierigkeiten bereiten. Ausgerechnet aber die am 17. August 1979 auf dem Bahnsteig des Leipziger Hbf wartenden Rotarmisten als besonders verlockendes Motiv für den mit Dampflok zu erwartenden E 802 aus Sonneberg zu wählen, schien doch mehr als gewagt und mit geradezu unkalkulierbaren Risiken verbunden. Das Hobby wurde zum Abenteuer, wobei die Versuchung die Oberhand gewann. Mit unter der Windjacke verborgener Kamera mit Teleobjektiv, eingestellter Blende, Verschlusszeit und Entfernung nahm der Autor allen Mut zusammen und bewegte sich so unauffällig wie möglich auf die Soldaten zu. Als wenige Augenblicke später die 01 0533 mit ihrem um zehn Minuten verspäteten Eilzug in die Bahnhofshalle einfuhr, gab es nur eines: Kamera hoch, Schuss und reflexartig unter die Jacke damit. Es ging alles gut, denn die Aufmerksamkeit der Sowjetsoldaten schien nur der mächtigen Maschine zu gelten, die sie wie ein Weltwunder bestaunten. Auch von den zahlreich anwesenden „gelernten" DDR-Bürgern ging diesmal keine Gefahr aus.

Die bis 1966 von der DDR-Reichsbahn rekonstruierten 35 Lokomotiven der Baureihe 01^{5} gehörten zu den leistungsstärksten Schnellzugdampflokomotiven der Nachkriegszeit auf deutschen Schienen. Mit ihrer hohen Kessellage, den höheren Umlaufblechen, anders geformten Witte-Windleitblechen mit abgeschrägten Kanten und der kegeligen Rauchkammertür mit integriertem 3. Spitzenlicht vermittelten die neuen Maschinen ein modernes, zeitlos-elegantes Aussehen. Ob im schweren Reisezugdienst zwischen der Ostseeküste und Probstzella, Dresden und Berlin – überall gehörte die formschöne Reko-01 zu den Lokomotiven, die auch beim normalen Reisenden für beachtliche Aufmerksamkeit sorgten. Seit dem Frühjahr 1963 gelangten die Maschinen durch den grenzüberschreitenden Interzonenverkehr auch auf Bundesbahngleise und damit zunehmend in das Blickfeld vieler Eisenbahnfreunde aus dem nicht sozialistischen Ausland. Bis zum Abschluss des deutsch-deutschen Grundlagenvertrages bewältigten sie den gesamten Reisezugverkehr nach Bebra und Hamburg-Altona. Am 28. April 1969 begegnete in Hamburg Hbf die in Richtung des Grenzübergangs Büchen ausfahrende Lokomotive Lok 01 507 der DB-Diesellok 221 115. Die aus der 01 136 entstandene, im Bw Wittenberge beheimatete Dampflok erhielt 1965 eine Ölhauptfeuerung und gehörte damals zu den wenigen Maschinen, die noch mit Boxpock-Radsätzen ausgerüstet waren. Wegen unzureichender Laufruhe mussten diese gegen normale Speichenradsätze getauscht werden. Im Mai 1981 wurde die in 01 0507-2 umgezeichnete Maschine mit einer Laufleistung von 1.748.282 km im Bw Schwerin ausgemustert.

Mit der dreizylindrigen Schnellzugdampflok der Baureihe 01 [10] hatte die DRG eine sehr leistungsstarke, stromlinienverkleidete Maschine in Dienst gestellt. Nach Kriegsende blieben alle 55 Lokomotiven in den Westzonen und gelangten bis auf eine zu stark beschädigte Lok wieder in den Betriebsdienst. Zwischen 1953 und 1957 erhielten die Lokomotiven neue Kessel mit Verbrennungskammer. 34 davon wurden mit einer Ölhauptfeuerung ausgerüstet. In dieser Ausführung erlebte diese Baureihe ihre Blütezeit und war für den hochwertigen Reisezugdienst unverzichtbar. Lokomotiven des Bw Bebra erbrachten dabei monatliche Höchstleistungen, die weit jenseits von 25.000 Kilometern lagen. Obwohl sich die Maschinen jeder damals vorhandenen Diesellok (einschließlich der vielgerühmten V 200) überlegen zeigten, begann mit dem Strukturwandel in der Zugförderung ihr Stern zu sinken. Die letzten Überlebenden der seit 1968 als 012 bezeichneten ölgefeuerten Baureihe wurden seit den frühen 1970er-Jahren beim Bw Rheine zusammengezogen und besorgten den Reisezugverkehr auf der Emslandstrecke. Auf diesem stimmungsvollen Foto setzt die Lok 012 061 am frühen Morgen des 22. Mai 1974 den Expresszug E 14105 in Bewegung. Auf den nassen Schienen schleudert die Lok kurz und stößt dabei eine kerzengerade schwarze Ölqualmwolke in den regenverhangenen Himmel.

Zu den mit Rostfeuerung ausgerüsteten Lokomotiven der Baureihe 01^{10} gehörte auch die 01 1065, die hier am 2. Juli 1968 mit dem aus Richtung Norddeich-Mole kommenden E 732 um 17.51 h im Bahnhof Rheine zum Halten gekommen ist. Nach kurzem Aufenthalt ging es weiter nach Münster, wo zur Weiterfahrt nach Köln auf Ellok umgespannt wurde. Noch im gleichen Jahr wurde die Lok auf 011 065 umgezeichnet. 1971 erfolgte das Ende durch Ausmusterung. (Hans-Jürgen Eggerstedt)

Rechts: Am 30. Juni 1968 standen die Lokomotiven 44 606 Öl und 01 1055 Öl im Bw Osnabrück einträchtig beieinander. Obwohl die Umzeichnung der DB-Lokomotiven auf das EDV-gerechte Bezeichnungsschema bereits seit dem Januar 1968 in Kraft getreten war, besaß die 44 immer noch ihr altes Nietschild. Die 01 1055 hingegen hatte dieses Schild bereits eingebüßt, musste aber einstweilen noch mit der aufgemalten alten Nummernbezeichnung vorliebnehmen. Teilweise sollte es noch bis zum Sommer 1969 dauern, bis jede DB-Maschine ihre neuen Siebdruckschilder erhalten hatte. (Hans-Jürgen Eggerstedt)

In den späten 1950er- und frühen 1960er-Jahren bildeten die ölgefeuerten Schnellzugdampflokomotiven der Baureihe 01^{10} vorzugsweise auf der Nord-Süd-Strecke das Rückgrat im hochwertigen Reisezugdienst. Beeindruckende Langläufe und Tageshöchstleistungen weit über 1.000 Kilometer waren keine Seltenheit. Die fortschreitende Elektrifizierung verdrängte diese Maschinen zunehmend aus ihren angestammten Einsatzfeldern und führte zu einer Konzentration auf den Flachlandstrecken im Norden Deutschlands. Anfang der 1970er-Jahre bespannten sie fast alle Eil- und Schnellzüge auf der zur Nordseeküste führenden Emslandlinie. Am 3. Juni 1974 entstand das Foto der Lok 012 100, die den aus sieben Reisezugwagen bestehenden D 714 im Bahnhof Lingen in Richtung Meppen in Bewegung setzt. Der von München kommende Schnellzug musste ob seiner kurzen Fahrtzeiten stets recht zügig gefahren werden, zumal die Streckenhöchstgeschwindigkeit dieser Bahn auf 120 km/h begrenzt war.

Rechte Seite: Steigendes Alter und zunehmende Beanspruchungen machten den ölgefeuerten Schnellzugmaschinen in ihren letzten Einsatzjahren zunehmend zu schaffen. So erlitt die 012 081, die sich am 10. August 1974 vor einem Saisonschnellzug auf der Fahrt in Richtung Emden befand, in voller Fahrt bei etwa 110 km/h einen doppelten Treibstangenbruch. Nur eine sofortige Schnellbremsung des Lokführers konnte Schlimmeres verhüten. Früher hätte dies die sofortige Ausmusterung zur Folge gehabt. Aufgrund des akuten Lokmangels beim Bw Rheine erhielt die Maschine jedoch unverzüglich eine Bedarfsausbesserung im AW Braunschweig. Am 10. September 1974 erwischte sie der Autor zufällig auf einer Belastungsprobefahrt, als sie mit voll geöffnetem Regler laut röhrend auf der Strecke Lehrte – Braunschweig in der Nähe von Hämelerwald vorbeidonnerte. Bereits zehn Tage später stand die Lok wieder im regulären Plandienst.

012 081-6

Linke Seite: Die Emslandstrecke wurde zum letzten Rückzugsort für die ölgefeuerten Schnellzuglokomotiven der nach EDV-Nummernumstellung von 1968 seither als 012 bezeichneten Baureihe 01^{10}. Diesen Maschinen war es vorbehalten, bis zum Beginn des Sommerfahrplans 1975 die letzten dampfgeführten Schnellzüge nicht nur bei der DB, sondern ganz Westeuropas zu befördern. Am 14. Oktober 1973 hatte die Lok 012 068 ab Rheine Dienst vor dem von Düsseldorf nach Norddeich-Mole verkehrenden, aus sieben Vierachsern gebildeten E 1631. Auf der Weiterfahrt in Richtung Nordseeküste macht sie im morgendlichen Gegenlicht bei der Ausfahrt aus dem Bahnhof Meppen kräftig Dampf.

Der Bahnhof Leer in Ostfriesland war Haltepunkt aller Reisezüge, wobei manche der in nördliche Richtung fahrenden Schnellzüge während ihres kurzen Aufenthaltes am Bahnsteig ihre Wasservorräte ergänzten. Zu Zeiten langer Bespannungsabschnitte und knapper Fahrtzeiten war das schnelle Wassernehmen am Bahnsteig eine Besonderheit, die früher recht häufig vorkam. Im Jahr 1974 war Leer so ziemlich der einzige im Bereich der DB verbliebene Ort, an dem dies – wenn auch unregelmäßig – noch praktiziert wurde. Diesen Halt hat auch die 012 075 mit dem Saisonschnellzug D 1731 genutzt, die sich jetzt mit sattem Drillingstakt auf die Weiterfahrt nach Emden begibt.

003 168-2
023 039-1

LAUDA
03 268-0

Links oben: Die von 1930 bis 1937 von der Deutschen Reichsbahn-Gesellschaft (DRG) beschaffte Schnellzug-Dampflok der Baureihe 03 war sozusagen eine leichte Variante der Baureihe 01, die auf den noch recht zahlreich vorhandenen Hauptstrecken mit leichterem Oberbau eingesetzt werden sollte. Bei der DB waren die letzten Maschinen beim Bw Ulm stationiert und kamen bis September 1972 vor Eil- und Personenzügen in diesem Raum zum Einsatz. Am 16. Mai 1971 befand sich die 003 168 zur Restauration im Bw Lauda. (Hans-Jürgen Eggerstedt)

Links unten: Im Morgenlicht des 20. Mai 1971 wartet die 1936 bei den Berliner Borsig-Werken entstandene 003 268 mit dem aus fünf Umbauvierachsern gebildeten P 1872 (Lauda – Crailsheim – Backnang – Stuttgart) im Bahnhof Lauda auf Ausfahrt, die planmäßig um 6.05 h erfolgen wird. Bereits ein knappes Jahr später, am 18. April 1972, erfolgte die Ausmusterung der Lokomotive im Bw Ulm. Die ansehnlichen Baulichkeiten des wichtigen Bahnknotens haben sich auch nach der Elektrifizierung nur wenig verändert. (Hans-Jürgen Eggerstedt)

Von den insgesamt 298 gebauten leichten Schnellzugloks der Baureihe 03 verblieben 78 Einheiten bei der Deutschen Reichsbahn der DDR. Noch in den späten 1960er-Jahren erhielten 52 dieser Maschinen fast neuwertige geschweißte Kessel mit Mischvorwärmeranlagen, die seit der frühen Aussonderung der Baureihe 22 zur Verfügung standen. Infolge der hierdurch erzielten Leistungssteigerung war es möglich, die Lokomotiven vornehmlich auf den Flachlandstrecken des Landes bis Ende der 1970er-Jahre teilweise noch im hochwertigen Reisezugdienst einzusetzen. Bis 1982 wurden allerdings die letzten Exemplare aus dem Einsatz gezogen. An einem Julitag des Jahres 1980 sehen wir die 03 2243 des Bw Lutherstadt Wittenberge vor dem Schnellzug D 562 mit Laufweg Reichenbach – Leipzig – Berlin-Schöneweide in voller Fahrt im Süden Berlins an der Grünbergallee in der Nähe von Altglienicke.

Die ursprünglich stromlinienverkleidete leichte Dreizylinder-Schnellzugdampflok der Baureihe 03 ^{10} wurde in 60 Einheiten gebaut. Nach Kriegsende gelangten 26 zur DB, während 19 Maschinen in den Bestand der Deutschen Reichsbahn der späteren DDR kamen. Die DR konzentrierte ihre mit neuen Kesseln ausgerüsteten Lokomotiven schon früh im Bw Stralsund, wo sie den schnellen Reisezugverkehr zwischen Berlin und der Ostseeküste abwickelten. Ab 1965 wurden die noch im Dienst befindlichen Exemplare auf Ölhauptfeuerung umgebaut und zählten damit zu den leistungsstärksten Triebfahrzeugen der DR. Vor allem im Sommersaisonverkehr wurden sie bis Ende der 1970er-Jahre vor teilweise sehr schweren Zügen stark gefordert. Monatslaufleistungen von bis zu 22.000 Kilometern waren dabei keine Seltenheit. Hier ist die bis 1974 als Brems- und Versuchslok in Halle eingesetzte 03 0010 (ehemals 03 1010) ausnahmsweise vor einem sehr kurzen Schnellzug unter der beeindruckenden Halle des Berliner Ostbahnhofs zu sehen. Diese 1940 gebaute Maschine behielt auch nach Einbau des Rekokessels ihren Oberflächenvorwärmer sowie die Rostfeuerung und wurde ob ihres goldfarbenen Schornsteinringes bei den Eisenbahnern scherzhaft „Goldbroiler“ genannt – in Anlehnung an den Begriff „Broiler“, der bei den Berlinern ein gegrilltes Hähnchen bedeutet.

Rechts oben: Bis etwa Mitte der 1950er-Jahre waren zahlreiche der bei der Bundesbahn verbliebenen Schnellzugloks der Baureihe 03 ^{10} beim Bw Dortmund Bbf beheimatet. Die Maschinen liefen nun ohne Stromschale und bedienten hauptsächlich den in südliche Richtung führenden anspruchsvollen Reisezugverkehr mit Durchläufen nach Frankfurt/M und Ludwigshafen. Während dieser Zeit erbrachten die Lokomotiven bisher nie erreichte Tagesleistungen von bis zu 1050 Kilometern, während Monatsleistungen von weit über 20.000 Kilometern mit einer Spitze von 28.460 Kilometern zur Tagesordnung gehörten. Diese etwa 1955 entstandenc Aufnahmc zeigt die noch mit ihrem Ursprungskessel mit frei liegendem Oberflächenvorwärmer ausgerüstete Lok 03 1055 abfahrbereit in Düsseldorf Hbf. (Slg. Paulitz)

Rechts unten: Wegen starker Alterungserscheinungen des Kesselstahls erhielten die DB-Maschinen der Baureihe 03 ^{10} ab 1956 neue Kessel mit Verbrennungskammern. Aber auch in dieser modernisierten Form hatten die eleganten Maschinen schon Mitte der 1960er-Jahre keine Zukunft mehr. Für Spitzendienste waren die zum Schluss im Bw Hagen-Eckesey zusammengezogenen früheren Reichsbahn-Renner auch nicht mehr vorgesehen. Meist mussten sie sich mit zweit- oder gar drittklassigen Diensten begnügen. Im September 1966 kommt die 03 1050 mit dem aus drei Silberlingen gebildeten E 424 durch Kassel. Mit dieser leichten Fuhre wäre selbst eine P 8 unterfordert gewesen. (Edgar Fischer/Archiv GM)

03 1055

03 1050
70

10 001

Der Geschichte der Baureihe 10 ist von einer gewissen Tragik umgeben, denn als die beiden schnittigen Schönheiten im März 1958 ihren Dienst beim Bw Bebra antraten, waren sie im Grunde schon überflüssig. Zumal die hohe Achslast von 22 t ihre Einsatzmöglichkeiten selbst auf Hauptstrecken einschränkte. Lok 10 001, als letzte überlebende und bis heute museal erhaltene Maschine, musste sich zum Schluss ihr Gnadenbrot vor nicht sonderlich anspruchsvollen Eilzügen zwischen Kassel und Münster verdienen. Hier sehen wir die Lokomotive im Dezember 1967 vor dem E 388 nach Ankunft in Kassel Hbf. (Hans-Jürgen Eggerstedt)

Unten: Erst rund eineinhalb Jahre stand die Schnellzuglok 10 001 in Diensten der Bundesbahn, als Edgar Fischer sie im August 1958 im Bw Frankfurt/M 1 ablichtete. Noch verfügte dieses Groß-Bw über mächtige Bekohlungsanlagen, aber die im Hintergrund sichtbare modernere Konkurrenz steht schon in den Startlöchern. Die Begegnung mit der 10 war für den Fotografen übrigens nicht nur wegen der seltenen Lokomotive etwas Besonderes; stolz hat er auf der Rückseite des Fotos vermerkt, dies sei seine 100. Aufnahme. (Edgar Fischer/Archiv GM)

Am 12. September 1960 ist die 10 001 mit dem D 290 „Adria-Express" (Kopenhagen – Rijeka) in Hannover Hbf zum Halten gekommen und wartet nun auf den Abfahrauftrag. Die Lok blieb von Lübeck bis Würzburg am Zug. Mit 547 Kilometern – dabei musste die Maschine am Bahnsteig von Bebra einen sechsminütigen Tankstopp zum Ölbunkern einlegen – war dies der längste 10er-Durchlauf überhaupt. Wie anhand des am rechten Bildrand gelagerten Materials unschwer zu erkennen, hat der Bahnsteigumbau als Vorarbeit für die Elektrifizierung bereits begonnen. (Edgar Fischer/Archiv GM)

Rechte Seite: Von der gängigen Form der Vorkriegs-Einheitsloks hoben sich die Loks des Bundesbahn-Neubauprogramms sichtbar ab. Am deutlichsten war dies sicherlich bei der Baureihe 10 mit ihrer eleganten Teilstromverkleidung der Fall. Ihr Aussehen verhalf ihr zu dem Spitznamen „Schwarzer Schwan", aber ebenso ist der Name „Sputnik" überliefert. Hier bringt die Lok 10 001 einen schweren Schnellzug – dies ist vermutlich der D 283 – nach einem Zwischenhalt wieder in Fahrt. (Edgar Fischer/Archiv GM)

10 001

Die seit 1909 von der Maschinenfabrik Esslingen gebauten Schnellzuglokomotiven der Klasse C entstanden in Vierzylinder-Verbundbauweise und zählten zu den gelungensten Pacific-Konstruktionen aus der Länderbahnzeit. Obwohl sie die kleinsten deutschen Maschinen ihrer Art waren, galten sie als sehr leistungsstark und sparsam. Die äußerlich schlichten und zeitlos eleganten Maschinen waren ganz auf die topografischen Gegebenheiten Württembergs zugeschnitten. In Anbetracht des Hügellandes hatte man sich dabei für einen Treibraddurchmesser von nur 1800 mm entschieden. Dennoch konnten die Maschinen für 120 km/h Höchstgeschwindigkeit zugelassen werden. Von den insgesamt 41 gebauten Lokomotiven gelangten noch 37 Stück als Baureihe 18 ¹ in den Bestand der Deutschen Reichsbahn. Ihr Einsatz spielte sich überwiegend innerhalb der regionalen Landesgrenzen ab. Im Mai 1955 wurden die beiden letzten Maschinen dieser Baureihe im Bw Ulm ausgemustert. Leider entging keine Lokomotive dem Schneidbrenner. Hier sehen wir die 18 128 vor einem Reisezug bei einem Halt im Bahnhof Tuttlingen. (Slg. Brinker)

Rechts oben: Die Lokomotiven der Baureihe 19 ⁰ wurden nach Elektrifizierung ihrer hauptsächlich im sächsischen Raum befindlichen Stammstrecken bis 1967 ausgemustert. Einzig erhalten blieb die Lok 19 017, für deren Aufarbeitung leider die sächsische Lok 18 010 geopfert werden musste. Sie wurde 1974 komplett restauriert und befindet sich heute als nicht betriebsfähiges Ausstellungsstück im Bw Dresden-Altstadt.

Rechts unten: An einem regnerischen Tag des Jahres 1957 steht die Vierzylinder-Verbundlokomotive 18 492 abfahrbereit vor einem Eilzug in München Hbf. Die im Rahmen eines Nachbaus noch nach Gründung der DRG im Jahr 1923 von J. A. Maffei als Länderbahnlok „Bayern 3693" gelieferte Schnellzuglokomotive gehörte zur bayerischen Gattung S 3/6. Zweifelsohne waren diese Maschinen eine von Deutschlands schönsten und zugleich bekanntesten Lokgattungen. Sie besaßen einen Treib- und Kuppelraddurchmesser von 1870 mm und kamen daher vorzugsweise im Hügelland zum Einsatz. Zunächst wurden sie beim Bw München 1 eingesetzt, gelangten aber nach Kriegsende auch zu anderen Dienststellen. Die 18 492 war damals beim Bw Lindau stationiert und wurde 1958 ausgemustert. (Slg. Brinker)

19 017

18 492
18

18 201
W

18 314

Insgesamt drei Lokomotiven der Baureihe 18^3 wurden aufgrund ihrer hohen Geschwindigkeit vom Bundesbahn-Zentralamt (BZA) Minden als Bremslokomotiven für Versuchsfahrten ausgewählt. Bei einer solchen Fahrt erreichte die mit einem Treibraddurchmesser von 2100 mm ausgerüstete Lok 18 316 eine Höchstgeschwindigkeit von 162,5 km/h. Hier sehen wir die 18 323 anlässlich einer Sonderfahrt im September 1969 irgendwo am Niederrhein. Die wenige Wochen später ausgemusterte Lokomotive steht seit April 1975 als technisches Denkmal vor der Ingenieurschule Offenburg. (Slg. Paulitz)

Zwecks Erprobung neuer Fahrzeuge und als Bremslokomotive benötigte die Versuchsanstalt Halle nach dem Krieg dringend schnelle Lokomotiven. Eine solche Maschine entstand 1961 aus der Schnellfahr-Tenderlokomotive 61 002 unter Verwendung von Teilen der total misslungenen H 45 024 sowie einem Kessel der Baureihe 22. Die mit einer leichten Stirnverkleidung, Giesl-Flachschornstein und einer Riggenbach-Gegendruckbremse ausgerüstete Lok 18 201 ist auf diesem Bild von 1968 auf der Drehscheibe in Halle zu sehen. Mit ihrer zugelassenen Höchstgeschwindigkeit von 180 km/h ist sie die derzeit schnellste betriebsfähige Dampflokomotive Europas. (Müller/Slg. Gert Schütze)

Für den Plandienst auf der flachen Oberrheinstrecke beschaffte die Badische Staatsbahn 20 Lokomotiven der Gattung IV h, der späteren Reichsbahn-Baureihe 18^3. Trotz ihrer außergewöhnlich guten Leistungen, führten die Maschinen im Betriebsdienst stets ein Schattendasein. Bei der Reichsbahn wurde die einzige in der DDR verbliebene 18 314 als schnellfahrende Lokomotive zur Erprobung von Reisezugwagen komplett umgebaut und rekonstruiert. Die Versuchslokomotive erhielt einen neuen Kessel, Teilverkleidung und Ölhauptfeuerung. (Alfred Luft)

Die bayerische Gattung S 3/6 gilt vielen als eine der schönsten Schnellzugdampflokomotiven Deutschlands. Über Geschmack lässt sich bekanntlich streiten. Fest aber steht, dass sich die Maschinen im Einsatz so gut bewährten, dass sogar die Reichsbahn Ende der 1920er-Jahre eine Nachbestellung in Auftrag gab. Diese Loks wurden als Baureihe 18 ^{5} eingereiht. 30 dieser Lokomotiven wurden zwischen 1953 und 1956 mit neuen geschweißten Kesseln mit Verbrennungskammern, neuen Führerhäusern, Armaturen und Heißdampfreglern ausgerüstet und als Baureihe 18 ^{6} in Dienst gestellt. Die letzten nicht umgebauten Maschinen verschwanden bis zum Beginn der 1960er-Jahre. Lok 18 505, eine 1924 von J. A. Maffei gebaute Maschine, die hier 1977 als historische Attraktion auf einer Ausstellung im AW München-Freimann zu sehen ist, befand sich bis 1969 als Versuchslokomotive beim BZA Minden. Sie befindet sich heute als Ausstellungsstück im DGEG-Eisenbahnmuseum in Neustadt a. d. Weinstraße. (Edgar Fischer/Archiv GM)

Rechts oben: Die kurven- und neigungsreiche Allgäubahn verlangt auch den modernisierten S 3/6 alias Baureihe 18 ^{6} alles ab. Am 9. Juni 1962 setzen 18 623 und eine Schwesterlok einen schweren Reisezug im Bahnhof Lindau in Bewegung. Links wartet eine ÖBB-Ellok 1670 auf Ausfahrt. (Herbert Schambach)

Rechts unten: Im Jahr 1955 konnten die umfangreichen Umgestaltungsarbeiten des ursprünglichen Heidelberger Hbf zu einem völlig neu gestalteten Durchgangsbahnhof abgeschlossen werden. Die neue Anlage verbesserte die Aufnahmefähigkeit des Bahnhofs ganz erheblich, sodass hinfort zahlreiche zusätzliche Züge des Fernverkehrs den Bahnhof anfahren konnten, was wegen Überlastung zuvor nicht möglich war. Am 22. Juli 1956 verlässt die im Bw Darmstadt beheimatete, umgebaute Schnellzuglokomotive 18 628 mit dem D 476 den Bahnhof. Diese Maschine gehörte zu jenen S 3/6-Lokomotiven, die zwischen 1953 und 1956 mit neuen Ersatzkesseln und Führerhäusern ausgebaut worden waren. (CB/Slg. Knipping)

18 628

19 009

50

Links oben: Als letzte Schnellzuglokomotive Sachsens entstand 1918 die Gattung XX HV. Damals unter dem Namen „Sachsenstolz" bekannt geworden, war diese vierfach gekuppelte Vierzylinder-Verbundlokomotive die größte Schnellzuglok Europas. Die Leistungen entsprachen den Erwartungen, v.a. vor schweren Zügen im Hügelland. Mit 120 km/h Maximalgeschwindigkeit war sie auf langen Flachlandstrecken aber etwas zu langsam. Die damaligen 20-m-Drehscheiben verlangten eine Längenbegrenzung. Daher fielen Laufwerk und Zylinderblock sehr gedrängt aus, was zu Problemen im Betrieb und bei der Wartung führte. Nach Kriegsende arbeitete die Reichsbahn der DDR nur 9 der 23 gebauten Maschinen betriebsfähig wieder auf. Dazu gehörte auch 19 009, die hier 1957 im Bw Zwickau fotografiert wurde. (Gerhard Illner/Slg. Brinker)

Links unten: Die Deutsche Reichsbahn baute 1964/65 zwei Schnellzug-Dampflokomotiven der Baureihe 19^{0} (sächsische XX HV) speziell für den Einsatz als Bremslokomotiven bei der Versuchsanstalt Halle (VES-M Halle) um. Es waren die aufgrund ihres Vierzylinder-Verbundtriebwerks für diese Verwendung besonders geeigneten Loks 19 015 und 19 022. Zu diesem Zweck erhielten die Maschinen einen neuen Verbrennungskammerkessel, dessen größere Breite ein neues Führerhaus der Einheitsbauart erforderte. Nach Beseitigung einiger der XX HV anhaftenden konstruktiven Mängel nahmen die für 120 km/h zugelassenen Lokomotiven ihren Dienst bei der Versuchsanstalt auf. Wenn sie nicht für Versuchsfahrten benötigt wurden, setzte man sie auch im Planbetrieb ein. 1967 erfolgte ihr Umbau auf Ölhauptfeuerung. Nach Indienststellung leistungsstarker Diesellokomotiven wurden die beiden Unikate als Bremslokomotiven überflüssig und 1976 ausgemustert. Auf diesem Bild sehen wir die 19 022 vor einem Regelzug bei Orlamünde. (H. Navé/Slg. Alfred Luft)

Obwohl sich bei den Länderbahnen Süddeutschlands und im benachbarten Ausland schon seit Langem leistungsfähige Schnellzuglokomotiven der Pacific-Bauart im Dienst befanden, behalfen sich die Sächsischen Staatsbahnen noch viele Jahre mit im Grunde veralteten und zu schwachen dreigekuppelten Schnellzugloks mit der Achsfolge 2´C. Es dauerte bis 1917, ehe man die erste wirklich zeitgemäße 2´C 1´-Schnellzuglokomotive als Gattung XVIII H in Dienst stellte. Vorausgegangen war die Erprobung bayerischer und preußischer Lokomotiven. Ein beabsichtigter Lizenzbau der bayerischen S 3/6 kam nicht zustande, worauf eine eigenständige Konstruktion entstand. Im Gegensatz zum bisher üblichen Vierzylinder-Verbundtriebwerk unterbrach die Firma Hartmann in Chemnitz diese Tradition und ging bei der später als Reichsbahn-Baureihe 18^{0} eingereihten Lokomotive zur Dreizylinderbauart über. Bis 1918 entstanden zehn Maschinen, die zu einem vollen Erfolg wurden. Mit Rücksicht auf die Topografie des Landes wählte man einen Treibraddurchmesser von 1905 mm. Diese Loks waren für 120 km/h zugelassen, die sie bei großer Laufruhe erreichten. Nach Kriegsende verblieben alle Einheiten im sächsischen Raum. Zwei Lokomotiven mussten infolge erlittener Kriegsschäden ihren Dienst quittieren. Die übrigen Loks schieden bei der DR zwischen 1965 und 1967 aus dem Betriebsdienst. Leider blieb keine Maschine erhalten. Auf dieser Aufnahme von 1961 sehen wir die 18 006 vor einem Reisezug im Bahnhof Dresden Hbf. (Otte/Slg. Brinker)

Die seit 1906 von mindestens 14 deutschen Herstellern gebaute preußische Gattung P 8 und spätere Reichsbahn-Baureihe 38 [10] war die mit Abstand verbreitetste Personenzuglokomotive in Deutschland. Bis zum Jahr 1930 entstanden von ihr annähernd 4000 Einheiten, die für die Königlich Preußische Staatseisenbahn, die Deutsche Reichsbahn und für andere Bahnverwaltungen sowie Privatbahnen von deutschen und rumänischen Lokomotivfabriken gefertigt wurden. Beide Weltkriege hatten diese einfachen und unverwüstlichen Lokomotiven nicht nur über viele Länder Europas zerstreut, sondern auch ihre Bestände stark dezimiert. Trotzdem verblieben nach 1945 noch etwa 1220 Stück bei der DB, während zur DDR-Reichsbahn etwa 730 Maschinen gelangten. Hier befördert die DR-Lokomotive 38 1182 einen aus Doppelstockwagen bestehenden Zug auf der Berliner Stadtbahn. (Künemund/Slg. Paulitz)

DIE UNVERZICHTBAREN

Personenzugloks auf allen Strecken

In der Eisenbahngründerzeit unterschieden sich die Lokomotiven vor allem durch ihren technischen Entwicklungsstand. Es waren Universalmaschinen, die damals sowohl Personen als auch Fracht zu befördern hatten. Schon bald aber genügten diese gemischten Züge den Anforderungen nicht mehr. Es musste eine Trennung in reine Personen befördernde Reisezüge und Frachtzüge vorgenommen werden. Bei den Reisezügen war wiederum zwischen jenen zu unterscheiden, die große Distanzen mit einer möglichst hohen Geschwindigkeit durcheilten, und solchen, die kürzere Entfernungen mit häufigeren Zwischenhalten zu bedienen hatten. Aus diesen Forderungen bildeten sich drei Hauptgruppen heraus: hochrädrige Schnellzuglokomotiven, für die Beförderung von Reisezügen auf großen Distanzen, Personenzuglokomotiven für kürzere Entfernungen und Güterzugloks für den Frachtverkehr.

Die schnellen Züge durchfuhren kleinere Bahnhöfe ohne Halt, doch wollten eben auch dort Reisende ein- und aussteigen. Die fortschreitende Industrialisierung ließ den Berufsverkehr anschwellen und schuf zugleich einen Bedarf an Ausflugsverkehr an Sonn- und Feiertagen. Mochten die schnellen Züge auch noch so begeistern, die weitaus meisten Reisenden nutzen Personen- oder Eilzüge. Sei es zur Arbeit, sei es zum Einkauf in die nächstgrößere Stadt oder um im Anschluss an eine Schnellzugreise den Wohn- oder auch Urlaubsort zu erreichen. Diese Züge leisten Zubringerdienste zu den Zentren und ermöglichen es den Fahrgästen, diese von jeder Bahnstation zu erreichen.

Schon bald reichten die für diese Zwecke anfangs verwendeten älteren Schnellzuglokomotiven für diese Dienste nicht mehr aus. Der Grund lag darin, dass diese wegen ihrer ursprünglich für andere Aufgaben gebauten Maschinen mit den großen Treib- und Kuppelrädern die Züge bei den häufigen Halten nur sehr langsam und träge beschleunigen konnten. Da auch gleichzeitig die Zuglasten beständig stiegen, waren diese Lokomotiven schnell überfordert und hatten immer öfter Schwierigkeiten, die Fahrtzeiten zu einzuhalten. Schließlich kam man nicht umhin, für diese Zuggattung spezielle Lokomotiven zu entwickeln.

Die Arbeitspferde des Reisezugverkehrs

Damit standen die Konstrukteure dieser neuen Lokgattung vor der schwierigen Aufgabe, Maschinen zu entwickeln, die einerseits eine gute Beschleunigung auch schwerer Züge aufwiesen, andererseits aber auch eine relativ große Höchstgeschwindigkeit erreichen konnten, um die Fahrtzeiten auf Hauptbahnen zu begrenzen. Die weniger spektakulären Personenzuglokomotiven, die bei den meisten Länderbahnverwaltungen unter der Bezeichnung „P" rangierten, hatten im Vergleich zu den Schnellzuglokomotiven kleinere. Sie standen stets im Schatten dieser Maschinen und erfreuten sich beim Publikum einer weitaus geringeren Beachtung.

In den 1870er-Jahren standen für den Schnell- und Personenzugdienst noch überwiegend Lokomotiven mit zwei oder drei Treib- und Kuppelachsen, die vielfach auch als 1´ B-Maschinen mit einer vorderen Laufachse, die sich meist hinter Schornstein und Zylindern befand, ausgebildet waren, zur Verfügung. Die Durchschnittsgeschwindigkeit der hier zu betrachtenden Personenzüge lag nur selten über 40 bis 45 km/h. Die Einführung modernerer Wagen ermöglichte zwar eine höhere Fahrgeschwindigkeit, allerdings um den Preis eines höheren Gewichts, welches die Maschinen an die Leistungsgrenze brachte. Um teure Vorspanndienste zu vermeiden, wurde die Entwicklung zunächst über den 2´ B-Typ (z. B. die preußische Gattung P 4 ^{2} und spätere DRG-Baureihe 36, eine Konstruktion aus dem Jahre 1902, deren letzte Vertreter erst 1948 ausgemustert wurden) und den 1´ C-Typ (preußische P 6, DRG-Baureihe 37) fortgeführt. Diese Lokomotiven besaßen einen Treib- und Kuppelraddurchmesser von 1750 bzw. 1600 mm.

Die Badischen Staatsbahnen bauten bereits 1894 richtungsweisend mit der Gattung IV e eine 2 ´C-Lokomotive, der 1905 Bayern mit der P 3/5 N mit Vierzylinder-Nassdampf-Verbundtriebwerk folgte. Sachsen stellte 1910 den Typ XII H 2 (genannt „Rollwagen" – DRG-Baureihe 38 ^{2}) in Dienst. Die Maschine erreichte mit 1590 mm Treib- und Kuppelraddurchmesser eine Maximalgeschwindigkeit von 90 km/h. Die 1906 erstmals gebaute preußische Lokgattung P 8 (DRG-Baureihe 38 $^{10-40}$) und Nachfolgetype der P 6 war eine überaus robuste, einfache und sparsame Zweizylinder-Heißdampfloko-

Das „Steppenpferd", die Baureihe 24, war eine in 95 Exemplaren gebaute Schlepptender-Einheitslokomotive. Nach Ausmusterung der 24 067 im August 1966 im Bw Rheydt war diese Lok bei der Bundesbahn der frühen 1970er-Jahre nur noch museal anzutreffen. Mit ihrem Sonderzug wirkt die von der DDR-Reichsbahn erworbene 24 009 im April 1973 in München Hbf auch schon etwas verloren und anachronistisch. (Edgar Fischer/Archiv GM)

motive, die es zur damaligen Zeit zu einer besonderen Leistungsfähigkeit brachte. Sie war problemlos zu bedienen und stellte keine allzu großen Ansprüche an das Können von Lokführer und Heizer. Auch in puncto Bekanntheitsgrad, Zuverlässigkeit und weite Verbreitung stellte sie alle anderen 2 ´C-Maschinen in den Schatten. Die P 8, ursprünglich sogar mit spitzen, windschnittig gestalteten Führerhäusern ausgeführt und als Schnellzugmaschine mit 1750 mm Treibraddurchmesser und 110 km/h Höchstgeschwindigkeit entwickelt, wurde in Deutschland die Personenzuglok schlechthin. Infolge ihres schlechten Massenausgleichs wurde die maximale Geschwindigkeit schließlich auf 100 km/h begrenzt. Mit der P 8 war nicht nur die mit annähernd 4000 bis 1928 gebauten Einheiten die stückzahlmäßig dominierende, sondern auch eine der wirtschaftlichsten deutschen Reisezuglokomotiven entstanden. Nebenbei war es sozusagen eine Universalmaschine, die sich nicht nur im Personen- und Eilzugdienst, sondern – und das war nicht selten der Fall – auch vor Schnellzügen, im leichten Güterzugdienst und fallweise sogar als Rangierlok bewährte. Ihr guter Ruf veranlasste in- und ausländische Bahnverwaltungen zum Ankauf. Bei der DRG war die P 8 flächendeckend vertreten, und die beiden Weltkriege taten ein Übriges,

Die Baureihe 22 entstand durch Rekonstruktion und Neubekesselung aus früheren preußischen P 10 und der späteren Baureihe 39 durch die Reichsbahn der DDR. Diese sehr leistungsstarken und gut gelungenen Maschinen wurden auch im grenzüberschreitenden Interzonenverkehr bis zum Ende des Winterfahrplans 1966/1967 eingesetzt. Über den Grenzübergang Gutenfürst kamen Maschinen des Bw Reichenbach/Vogtland nach Hof in Oberfranken. Zu den planmäßigen Bespannungen gehörte das Zugpaar D 145/D 146 (Dresden – Plauen – Hof – München), bei dem die Baureihe 22 über 226 Kilometer am Zug blieb. Auf diesem 1965 entstandenen Bild hat sich die Lok 22 082 vor den D 145 nach Dresden gesetzt und wartet auf Ausfahrt. Die erst im Dezember 1961 dem Betriebsdienst übergebene Lok wurde bereits sieben Jahre später ausgemustert. (Ludwig Rotthowe)

diese Lokomotive auch über fast ganz Europa zu verbreiten. Bezeichnend war, dass diese Maschine fast alle ihre Nachfolgetypen überlebte.

Der Einsatz von Personenzugloks bei Reichs- und Bundesbahn

Steigende Zuggewichte der Eil- und Personenzüge in den Mittelgebirgen und auf anderen Hügellandstrecken beanspruchten bei längeren Steigungen die in diesen Diensten eingesetzten Lokomotiven der Gattung P 8 bis hart an die Grenze ihrer Leistungsfähigkeit. Einerseits war es aus wirtschaftlichen Gründen von Vorteil, möglichst schwere Züge zu fahren, andererseits dabei aber möglichst auf eine Vorspannlok zu verzichten. Mit den von 1922 bis 1927 gebauten 260 dreizylindrigen 1 ´D 1´-Lokomotiven der preußischen Gattung P 10 (DRG-Baureihe 39) wurde dieser Forderung Rechnung getragen. Gleichzeitig war dies die letzte Personenzugbaureihe unter Länderbahnregie. Damit verfügte die am 1. April 1920 gegründete Deutsche Reichsbahn-Gesellschaft (DRG) über einen großen Bestand noch relativ neuer und bewährter Personenzugmaschinen, sodass erst 1940 mit der Baureihe 23 eine neue Konstruktion aufgelegt wurde, von der aber wegen des Krieges nur zwei Prototypen entstanden. Nachzutragen wäre noch die ab 1928 von der DRG für den Nebenbahnbetrieb in 95 Exemplaren beschaffte Baureihe 24 mit 1500-mm-Treibrädern und 90 km/h Höchstgeschwindigkeit, von denen nach Kriegsende viele Maschinen in Polen verblieben.

Nach dem Zweiten Weltkrieg gelangten 1233 Loks der Baureihe 38^{10-40} zur DB, während 733 Maschinen bei der DR verblieben. Diese langsam in die Jahre kommenden Lokomotiven blieben weiterhin die Hauptstützen in den Eil- und Personenzugdiensten beider Bahnverwaltungen. Erst jetzt nahmen die Pläne zum Ersatz der P 8 in Form einer neuen 1´ C 1´Baureihe 23 hüben wie drüben Gestalt an. Während die DB bis 1959 insgesamt 105 Maschinen der Baureihe 23 in Betrieb stellte, brachte es die DR-Reihe 23^{10} auf 113 Einheiten, deren letzte 1960 ausgeliefert wurde. Beide Konstruktionen wiesen einen Treib- und Kuppelraddurchmesser von 1750 mm auf und wurden auch im leichten Schnellzugdienst eingesetzt. Aber auch die Güterzug-Baureihe 50 wurde, verstärkt zum Ende der Dampflokzeit, sozusagen als Mädchen für alles und Universalmaschine im Personen- und Eilzugdienst verwendet.

Seit Mitte der 1960er-Jahre wurde die Dampflok auf den nicht elektrifizierten Strecken in zunehmendem Maße von Diesellokomotiven verdrängt. Zum Ende des Dampflokzeitalters kamen die beschriebenen Maschinen verstärkt auch in anderen Leistungsbereichen zur Verwendung. So betätigten sich diese Maschinen auch im leichten Güterzugdienst, fuhren Übergabezüge und waren fallweise sogar im Rangierdienst zu finden. Solche Einsätze wurden aber zum Schluss immer seltener, weil genügend Dieselloks zur Verfügung standen. Während die Baureihe 24 bereits 1967 von den DB-Gleisen verschwand, ereilte es die letzten P 8 erst zum Ende des Jahres 1974. Bereits am 27. September 1975, also nur ein ¾-Jahr später, rollte auch die letzte Lok der zu ihrer Nachfolge vorgesehenen Baureihe 23 aufs Abstellgleis.

Ganz ähnlich verlief die Entwicklung bei der DR, denn auch dort machten Dieselloks den Dampfloks das Leben schwer. Der Einsatz der in nur vier Einheiten dort verbliebenen 24er endete 1968, während auf die Baureihe 38^{10-40} bereits 1972 verzichtet werden konnte. Etwas länger, und zwar bis 1977, befand sich die Neubau-Personenzuglok der Baureihe 23^{10} im Dienst. Infolge der Ölkrise hielt sich ein Exemplar sogar bis in das Jahr 1985.

023 104-3

23 023

Links oben: Die DB-Baureihe 23 des Bw Saarbrücken wurde zahlreich im Großraum Pirmasens, Sarreguemines/Frankreich und auch auf der Moselstrecke Trier – Koblenz im Reisezugverkehr eingesetzt. Die 23er bot hierfür ideale Voraussetzungen, konnte sie doch vor Wendezügen ebenso eingesetzt werden wie vor langlaufenden Eilzügen. Mit der beachtlichen Stückzahl von 37 Maschinen erreichte dieses Bw im Jahr 1971 seine höchste Stückzahl. Im Winterfahrplan 1974/1975 wurde letztmalig ein 23er-Umlauf aufgestellt. Hier sehen wir die 023 104 am 20. Juni 1970, als sie mit dem P 2456 entlang der Moselweinberge bei Pommern in Richtung Trier unterwegs war. (Hans-Jürgen Eggerstedt)

Links unten: Praktisch fabrikneu war die im Bw Mainz beheimatete DB-Neubaulok 23 023, als sie am 19. April 1953 mit dem Personenzug P 1230 (Koblenz – Bingerbrück) bei der Einfahrt in den Bahnhof Bacharach abgelichtet wurde. Über den Weinbergen befindet sich die Burg Stahleck. Die vierachsigen preußischen Abteilwagen der Bauart C4 pr 04 waren noch bei der DRG weitverbreitet, verschwanden bei der DB aber bis Ende der 1960er-Jahre. Bei der DR liefen die letzten noch knapp 20 Jahre länger. Am Bahnhofszaun kann man die damals üblichen emaillierten Reklametafeln bewundern, für die Sammler heute tief in die Tasche greifen. (CB – Slg. Paulitz)

Die mit einem Zweizylindertriebwerk ausgestattete 1´C 1´-Personenzug-Baureihe 23 zählte zu den Loks des DB-Neubauprogramms. Basis für die Entwicklung war die alte Reihe 23 von 1941, mit der sie hinsichtlich Achsfolge und Triebwerksabmessung übereinstimmte. Rahmen, Kessel und Tender waren jedoch moderne Schweißkonstruktionen. Die Lokomotiven waren teilweise mit Oberflächenvorwärmern oder mit Mischvorwärmern ausgerüstet. Einigen Ärger bereitete der Mehrfach-Heißdampfregler, der später überwiegend zugunsten eines Nassdampfreglers ausgetauscht wurde. Mit der Lokomotive 23 105 entstand im Dezember 1959 nicht nur die letzte Maschine dieser Baureihe, sondern auch die letzte Dampflokomotive der Deutschen Bundesbahn überhaupt. Auf dieser Abbildung donnert die Lok 023 103 des Bw Saarbrücken im Mai 1972 mit Volldampf über die Moselstrecke in Richtung Trier. Gerade befindet sie sich auf der langen Steigung zwischen den Bahnhöfen Wengerohr und Salmrohr und fährt unter einer fotogenen steinernen Feldwegbrücke hindurch.

023 064-9

Links: Durch ihr markantes, knallendes Auspuffgeräusch war die in der Nähe von Neef an der Mosel herandonnernde 023 064 bereits aus größerer Entfernung zu hören. Hier zieht die Lok den P 2459 in Richtung Koblenz. Der rechts im Hintergrund sichtbare nagelneue Gittermast der bereits in Arbeit befindlichen Elektrifizierung verheißt für die Dampflok nichts Gutes.

An einem sonnigen Wintertag des Jahres 1966 erhält die 23 084 mit einem Personenzug Ausfahrt aus dem Bahnhof Minden. Die seinerzeit bei Bw Osnabrück beheimatet Lok ging später zum Bw Crailsheim und wurde dort Ende 1970 ausgemustert.

Rechts: Im Bw Kleve waren bis Anfang der 1960er-Jahre Lokomotiven der Baureihe 24 stationiert. Die Maschinen kamen regelmäßig vor Personenzügen bis Duisburg Hbf. Hier steht die 24 067 am 24. August 1956 abfahrbereit vor ihrem Zug nach Kleve. Die 1963 zum Bw Rheydt umgesetzte Maschine wurde dort als letzte DB-Lok dieser Baureihe im Jahr 1966 ausgemustert. (Hans Schmidt/Slg. Brinker)

Die beim Bw Saarbrücken beheimateten zahlreichen Loks der Baureihe 23 bedienten nicht nur das Saarland, sondern befuhren bis 1972 im Reisezugverkehr auch die Moselstrecke zwischen Trier und Koblenz. Im Sommer 1969 überquerte eine Lok dieser Baureihe mit dem aus Silberlingen gebildeten P 2457 nach Trier die Moselbrücke bei Eller. Neben dem im Vordergrund für diese Region typischen Weinanbau ist rechts im Hintergrund die Kirche St. Martin im Ortsteil Ediger sichtbar. Aufgrund ihrer hohen Geschwindigkeit von 110 km/h wurden die Loks dieser Baureihe in den 1950er-Jahren auch häufig vor leichten Schnellzügen eingesetzt. (Slg. Paulitz)

Nach der Deutschen Bundesbahn griff auch die Deutsche Reichsbahn den Bau einer Personenzuglokomotive mit der Achsfolge 1´C 1´ in Form der Baureihe 23^{10} auf. Diese stützte sich auf die Entwürfe der alten Baureihe 23 aus dem Jahr 1941 und war vor allem als Ersatz für die in die Jahre gekommene P 8 vorgesehen. Man übernahm jedoch auch hier nur die Abmessungen für das Trieb- und Laufwerk, ansonsten machte man sich die modernen Baugrundsätze zunutze. Basis war ein geschweißter Blechrahmen, auf dem sich die neuen Kessel mit Verbrennungskammer und Mischvorwärmer befanden. Zahlreiche Neuerungen wiesen auch die geräumigen Führerhäuser auf. Zum Schutz des Lokpersonals wurde eine Tenderstirnwand angebracht. Insgesamt stellte die DR ab 1955 113 Lokomotiven in Dienst, die auch im leichten bis mittelschweren Schnellzugdienst ohne Bedenken eingesetzt werden konnten. Es waren sehr leistungsstarke Lokomotiven, die in der Ebene ein Zuggewicht von 365 t mit der zugelassenen Höchstgeschwindigkeit von 110 km/h befördern konnten. Die letzten der ab 1970 als BR 35^{10} eingeordneten Fahrzeuge schieden bis 1977 aus dem Betriebsdienst.

Rechts oben: Im Jahr 1910 stellten die Sächsischen Staatseisenbahnen die ersten dreifach gekuppelten Personenzugloks der Gattung XII H 2 in Dienst. Die auch als Sächsischer Rollwagen bezeichneten Maschinen waren hinsichtlich ihres Treibraddurchmessers von nur 1590 mm speziell auf das Hügelland dieser Region abgestimmt. Es waren sehr leistungsfähige Lokomotiven mit guten Laufeigenschaften und einer Höchstgeschwindigkeit von 90 km/h. Nach 1918 existierten noch 124 Loks, die als Baureihe 38^{2} sämtlich in den Bestand der DRG übergingen. Die letzten bei der DR vorhandenen Maschinen wurden bis 1971 ausgemustert. Lok 38 205, die hier 1983 vor einem Sonderzug zu sehen ist, blieb als einziges Exemplar erhalten. (Slg. Paulitz)

Rechts unten: Auch beim Bw Heilbronn waren schon seit jeher Lokomotiven der Baureihe 38^{10} (preußische Gattung P 8) beheimatet. Die unverwüstlichen Maschinen bespannten einen Teil der Eil- und Personenzüge in der Region. Aufgrund der größeren Vorräte wurden viele Loks mit den Wannentendern ausgemusterter Kriegsloks der Baureihen 42 und 52 gekuppelt. Das ist auch bei der im Juni 1968 im Bw Lauda abgebildeten 038 313 (ehemals 38 2313) der Fall. Die Lokomotive gelangte noch zum Bw Tübingen und wurde dort am 26. November 1971 z-gestellt. (Slg. Paulitz)

38 205

038 313-3

ALTHEIM-REXINGEN

Links oben: Reizvolle Stimmungsaufnahmen auf Bahnhöfen und Betriebswerken können bei Dunkelheit mithilfe eines Stativs eingefangen werden. Ganz anders als bei Tage, wirken die nur spärlich beleuchteten Lokomotiven manchmal fast gespenstisch auf den Betrachter. Am 4. Januar 1974 wartet die 038 382 morgens gegen 5.30 h im Bahnhof Rottweil mit dem P 3918 nach Villingen auf den Abfahrauftrag.

Links unten: Noch kurz vor Beendigung ihrer Plandienste hatten die letzten Vertreter der ehemals preußischen Gattung P 8 die Ehre, Eilzüge zu befördern. Einer dieser wenigen Züge war der E 1949, für den an einem frühen Novembertag des Jahres 1973 die 038 772 auf dem 30 km langen Abschnitt von Eutingen nach Freudenstadt im nördlichen Schwarzwald eingeteilt worden war. Mit etwa 80 km/h rauscht die Maschine durch den Bahnhof Altheim-Rexingen, dessen Umfeld und mechanisch-technische Ausstattung den Betrachter noch fast in die Reichsbahnzeit zurückversetzen. Die 038 772 war bei der DB die letzte überlebende Lok dieser Baureihe. Sie wurde zum 1. Januar 1975 abgestellt, allerdings am 15. Februar 1975, als Not am Mann war, nochmals eingesetzt. Dies war aber nur aufgrund der erst am 24. Februar 1975 ablaufenden Untersuchungsfristen möglich.

Auch auf dem 43 Kilometer langen Streckenabschnitt zwischen Horb und Rottweil war die P 8 bis zuletzt im Personenzugverkehr vertreten. Dieses Streckenstück ist ein Teil der knapp 150 Kilometer langen, zwischen 1866 und 1879 in Betrieb genommenen Gäubahn, die Stuttgart mit Hattingen (Baden) verbindet. Nach Kriegsende wurde bei der ursprünglich durchgehend zweigleisig ausgebauten Strecke das zweite Gleis auf einigen Abschnitten, so zwischen Horb und Tuttlingen, von der französischen Besatzungsmacht als Reparationsleistung demontiert. Abgesehen von der zwischenzeitlichen Elektrifizierung, ist dieser Zustand bis heute unverändert. Trotz dieser Einschränkung hat diese Linie neben dem Reisezugverkehr auch eine große Bedeutung als Strecke des Nord-Süd-Güterverkehrs. An einem strahlend schönen Tag im November 1973 war die 038 711 dazu eingeteilt, den kurzen Personenzug P 3937 nach Rottweil zu ziehen, was beim Halt in Horb-Dettingen im Bild festgehalten werden konnte.

Auch bei der DR waren die dort verbliebenen rund 730 Lokomotiven der Baureihe 38^{10} auf Jahre hinaus unverzichtbar und über nahezu alle Bahnbetriebswerke des mitteldeutschen Raums verteilt. Als Hinterlassenschaft des Krieges befand sich ein großer Teil der Maschinen in einem sehr schlechten Unterhaltungszustand, was selbstverständlich nicht nur für diese Baureihe galt. Die überwiegend nur noch zur Verfügung stehende Rohbraunkohle trug infolge ihres hohen Wasser- und Schwefelgehalts keinesfalls zu einer Verbesserung bei. Es dauerte lange, bis der DR-Lokbestand wieder so weit aufgearbeitet war, dass sich die Maschinen in einem guten Betriebszustand befanden. Erst mit der serienmäßigen Auslieferung der Diesellokreihe V 100 begann ab 1967 der Stern der P 8 bei der DR zu sinken. Seither ging die planmäßige Ausmusterung erstaunlich schnell vonstatten, sodass bereits 1972 bei der DR keine P 8 mehr zu finden war. Hier sehen wir die schon etwas heruntergekommene 38 4009 im März 1969 vor einem Personenzug im Bahnhof Wriezen. Die 1923 gebaute Lokomotive wurde am 13. Mai 1971 im Bw Brandenburg ausgemustert. (Slg. Paulitz)

Rechts oben: Die preußische P 10 (Baureihe 39) hatte bei der Bundesbahn noch bis in die 1960er-Jahre ihr Auskommen, zuletzt aber in eher untergeordneten Diensten. Am 19. Juli 1964 steht die 39 116 des Bw Kempten vor dem P 1523 abfahrbereit in München Hbf. (Edgar Fischer/Sammlung GM)

Rechts unten: Die Frage, ob Schnellzug- oder Personenzuglok, ging bei manchen Lokbaureihen auseinander. Die Baureihe 39 zum Beispiel war allein von der Zugehörigkeit zur Baureihennummerngruppe eindeutig eine Personenzuglokomotive. Im Hügelland und im Mittelgebirge verdiente sie sich als zugkräftiger Vierkuppler aber auch vor Eil- und Schnellzügen ihre Sporen. In ihrem klassischen Metier diente die 39 214, als sie am 15. Januar 1966 mit dem P 1519 die bayerische Landeshauptstadt München verließ. Bereits am 30. Juni 1966 wurde die Maschine beim Bw Kempten z-gestellt und bald darauf ausgemustert.
(Edgar Fischer/Archiv GM)

39 016

Das Bw Villingen war schon seit jeher eine Domäne der Baureihe 39. Mit 17 Maschinen erreichte der Lokbestand Mitte 1954 seinen Höchststand. Die wichtigste Relation war für diese Baureihe die Schwarzwaldbahn zwischen Offenburg und Konstanz. Aber auch Langläufe von bis zu 331 Kilometern, so zwischen Konstanz und Ludwigshafen, standen in den Dienstplänen. Ab Sommer 1957 setzte Villingen vermehrt Dieselloks V 200 ein, sodass der P 10-Plan auf der Schwarzwaldbahn immer mehr ausgedünnt wurde und die Loks in den Personenzugverkehr abwanderten. Da sich der schwere Bergdienst auf dieser Linie bei der V 200 durch Getriebeschäden bemerkbar machte, mussten die 39er noch bis 1964 als Betriebsreserve vorbehalten werden. Auf dieser Aufnahme vom 5. Juni 1957 bespannt die 39 016 den D 469 (Konstanz – Frankfurt/M – Hannover) auf dem Abschnitt bis Offenburg und verlässt gerade den Kurzenbergtunnel. (Slg. Brinker)

Nach Kriegsende verblieben in der sowjetischen Besatzungszone 85 Lokomotiven der Baureihe 39. 1958 begann die Rekonstruktion dieser Reihe, da dieser bewährten und vor allem auf den Mittelgebirgsstrecken weiterhin unverzichtbaren Dampflokomotive in leistungsgesteigerter Form der Einsatz noch für mehrere Erhaltungsabschnitte gesichert werden sollte. Alle Maschinen erhielten einen vollständig geschweißten Austauschkessel mit Verbrennungskammer. Weil der Rekokessel länger war als der Ursprungskessel der P 10, erhielten die jetzt als Baureihe 22 geführten Lokomotiven einen nach hinten verlängerten Rahmen. 1962 war die Rekonstruktion abgeschlossen. Die Loks wurden wieder in den angestammten P 10-Dienststellen eingesetzt. Mit der Elektrifizierung des sächsischen Dreiecks Dresden – Werdau – Leipzig –Dresden 1966/1967 wurden die Maschinen fast schlagartig überflüssig. Die Ausmusterung der nach der EDV-Umstellung unter Baureihe 39 geführten Loks ging zügig vonstatten und war bis September 1971 abgeschlossen. (Helmut Constabel/Slg. Brinker)

Die schwere Güterzuglokomotive 044 434 bezwingt mit dem nur an Samstagen verkehrenden Dg 53840 (Laufweg Herzberg – Hamm Rbf) am 30. August 1975 den schwierigen Rampenabschnitt bei Reelsen. Der senkrecht in die Höhe steigende Rauch der Lokomotive ist ein Indiz für die geringe Geschwindigkeit des Zuges, andererseits aber auch für deren Anstrengungen auf dieser langen, nahezu ununterbrochenen Steigung. Die 044 434 war eine der wenigen DB-Maschinen, die noch bis zum Schluss mit den zur Reichsbahnzeit üblichen schräg herabgezogenen Frontblechen, kurz Schürzen genannt, ausgerüstet war. Links im Bild sieht man die 1911 errichtete Dorfkirche St. Martinus des Ortes Reelsen.

DIE ATHLETEN

Güterzugloks und schwere Züge

Während bei den Schnell- und Personenzuglokomotiven die Eigenschaften Schnelligkeit und gute Beschleunigung im Vordergrund standen, mussten Güterzuglokomotiven in der Lage sein, ausdauernd schwere Lasten zu ziehen. Dabei spielte die Geschwindigkeit dieser Maschinen nicht die primäre Rolle, denn die wichtigste Eigenschaft war, möglichst große Zugkräfte auf die Schiene zu übertragen. Das wiederum bedingte eine außergewöhnlich hohe Dampfleistung, die nur durch einen besonders großen, sprich langen Kessel erzielt werden konnte. Ein weiteres charakteristisches Merkmal der Güterzuglokomotiven war – im Vergleich zu den erstgenannten Lokgattungen – der wesentlich kleinere Treib- und Kuppelraddurchmesser mit im Durchschnitt nicht mehr als 1400 mm. Diese Eigenschaft begünstigte die Übertragung der Kräfte auf die Schienen und minderte die Schleuderneigung beim Anfahren schwerer Züge.

Bis in die achtziger Jahre des 19. Jahrhunderts gab es in Deutschland eine große Vielfalt dreifach gekuppelter Güterzuglokomotiven, die damals für diese Dienste noch durchaus ausreichend waren. Dabei besaß jede Länderbahn eigene Modelle, wie z. B. die preußischen Typen G 3 und G 4 der Jahre 1867 und 1882. Im Alltagsbetrieb vor den immer schwerer werdenden Zügen erreichten diese kleinen Maschinen nur Geschwindigkeiten zwischen 30 und 40 km/h. Da die Zahl der Schnell- und Personenzüge und damit die Streckenbelegungen ständig zunahmen, wurden die langsamen Güterzüge immer mehr zu einem Verkehrshindernis. Auf stark belasteten Strecken erlitten diese durch Überholung häufig erhebliche Verspätung, da es nicht möglich war, sie zwischen schnell fahrenden Zügen durchzubringen. Eine Abhilfe konnte nur durch eine Beschleunigung der Güterzüge erreicht werden. Hinzu kam, dass die Dreikuppler auch den gestiegenen Zuglasten nicht mehr gewachsen waren.

Die Entstehung leistungsstarker Güterzuglokomotiven

Als erste Bahnverwaltung Mitteleuropas stellten daher die Preußischen Staatseisenbahnen (KPEV) im Jahr 1892 die Gattung G 5^{1} als 1´ C-Naßdampf-Güterzuglokomotive in größeren Stückzahlen in Dienst. Ständig steigende Lasten ließen die Entwicklung nicht zum Stillstand kommen, sodass die Zugkraft auch dieser verbesserten Maschinen bald nicht mehr ausreichte. Bereits 1893 entstand die erste vierfach gekuppelte Güterzuglokomotive mit 1250 mm Treib- und Kuppelraddurchmesser und 50 km/h Höchstgeschwindigkeit. Als Weiterentwicklung dieses Typs stellte im Jahr 1913 der Lokbeschaffungsdezernent der KPEV, Robert Garbe, die erste Heißdampflok der Gattung G 8^{1} mit gleicher Achsfolge vor, die bis 1921 in fast 5000 Einheiten in Betrieb genommen wurde. Von dieser überaus erfolgreichen Loktype gelangten noch 3122 Exemplare in den Bestand der 1920 gegründeten Deutschen Reichsbahn-Gesellschaft (DRG). Diese Lokomotiven bildeten zusammen mit der 1910 konstruierten Gattung G 10, einer in rund 3000 Stück gebauten fünfachsigen, E-gekuppelten schweren Güterzugmaschine, über viele Jahre das Rückgrat des Güterzugdienstes der DRG.

Ganz oben: Eine unvergleichliche, aus Rauch, Ruß und Öl gebildete Duftmischung herrschte im Inneren eines jeden Dampflokschuppens. So auch im großen Rechteckschuppen des Bw Hohenbudberg, in dem sich im Oktober 1970 die 044 527 von ihrem Dienst ausruhte.

Auch die letzten Wochen des Dampfbetriebs hielten im Bw Gelsenkirchen-Bismarck eine leider nicht konservierbare Atmosphäre für den geneigten Eisenbahnfreund bereit. Im April 1977 warteten die Lokomotiven 044 508 und 044 434 auf ihren nächsten Einsatz.

Wie erwähnt, war in den frühen 1970er-Jahren der Bahnhof Leer so ziemlich der einzige im Bereich der DB verbliebene Ort, an dem mitunter sowohl dampfgeführte Reise- als auch Güterzüge am Bahnsteig aus dem Wasserkran mit Gelenkausleger ihre Vorräte ergänzten. Dies geschah allerdings nicht regelmäßig und nur dann, wenn der Vorrat etwas knapp geworden war. Im Gegensatz zu den stets haltenden Reisezügen musste die Mannschaft eines Güterzuges diese Absicht bei Passieren des Bahnhofs Ihrhove dem diensthabenden Beamten auf dem Stellwerk durch Handzeichen kundtun, denn Zugbahnfunk gab es damals noch nicht. Am 20. April 1976 hat die nach Emden fahrende 43 336 ihren Tender wieder gefüllt und wartet auf Ausfahrt, als die mit einem Leerwagenzug in Richtung Rheine unterwegs befindliche 043 681 entgegenkommt.

Während des Ersten Weltkrieges schlug die zu große Typenvielfalt der deutschen Länderbahnen negativ zu Buche. Aus diesem Grund entschlossen sich 1916 die meisten Länderbahnverwaltungen zur gemeinsamen Beschaffung der von den Kasseler Henschel-Werken entwickelten dreizylindrigen Güterzuglokomotive der Gattung G 12, der späteren Reichsbahn-Baureihe 58. Diese 1´ E-Maschine mit 1400 mm Treibraddurchmesser war sozusagen die erste deutsche Einheitslokomotive und wurde in über 1500 Stück sowohl von Preußen als auch von Baden, Sachsen und Württemberg beschafft.

Als die DRG das Einheitslokprogramm entwarf, war darin erneut eine leistungsfähige 1´ E-Güterzugmaschine enthalten, denn zu viele Länderbahntypen waren überaltert und genügten auch den gestiegenen Anforderungen längst nicht mehr. Zu Vergleichszwecken ließ man – wie bei den Schnellzugloks auch – Zwei- und Dreizylindervarianten entwerfen. 1926 entstand die erste Lok der 1´ E-Baureihe 44 mit Dreizylindertriebwerk, der ein Jahr später die Zweizylinderbaureihe 43 folgte. Man entschied sich zunächst für die letztere, einfachere Bauart, beschaffte dann aber, als sich die Drillingslok im höheren Geschwindigkeitsbereich als leistungsfähiger erwiesen hatte, ab 1937 in großem Umfang Loks der Baureihe 44. Bis 1949 wurden fast 2000 Stück gebaut. Sie waren bis zum Ende der Dampflokzeit bei DB und DR im schweren Güterzugdienst, vor allem im Hügelland, unentbehrlich. Einer noch schwereren Maschine, der mit der Achsfolge 1´ E 1´ab 1936 gebauten ebenfalls dreizylindrigen, monströsen Baureihe 45, die bei 1600 mm Treibraddurchmesser für 90 km/h zugelassen wurde, war kein überzeugender Erfolg beschieden. Für die Beförderung von Eilgüterzügen stellte die DRG zwischen 1936 und 1941 insgesamt 366 Lokomotiven der Baureihe 41 in Dienst. Mit einer Höchstgeschwindigkeit von 90 km/h hatte man eine Universalmaschine geschaffen, die sich auch für den Reisezugdienst eignete und oft genug bei Bedarf auch im hochwertigen Schnellzugdienst eingesetzt wurde. Um speziell für Strecken mit leichtem Oberbau eine leistungsfähige Güterzuglok zur Hand zu haben, wurde seit 1939 die 1´ E gekuppelte Baureihe 50 bis 1943 in 3164 Einheiten gebaut. Diese Maschinen besaßen eine Achslast von 15 t und boten dadurch universelle Einsatzmöglichkeiten, weshalb sie im Güter- und Personenzugdienst auf Nebenbahnen, aber auch auf Hauptstrecken anzutreffen waren.

Von den Kriegslokomotiven zum friedensmäßigen Einsatz

Als vereinfachte Ausführung der Baureihe 50 entstand ab 1942 in weit über 6000 Einheiten die Kriegslokomotive der Baureihe 52. Ferner entstand von 1943 bis zum Jahr 1949 in genau 1061 Stück die etwas schwerere Kriegslok-Baureihe 42. Beide Konstruktionen waren aufgrund ihrer Einfachheit, aber auch aufgrund der verwendeten minderwertigeren Werkstoffe, ursprünglich nur für eine kurze Lebensdauer von nicht mehr als zehn Jahren konzipiert. Sie erwiesen sich aber als so zuverlässig, dass sie – und dies trifft insbesondere auf die Baureihe 52 zu – bis zum Schluss der Dampflokära im Dienst vieler Bahnverwaltungen, zu denen es sie durch die Kriegswirren verschlagen hatte, im Einsatz verblieben. Vor allem in vielen osteuropäischen Ländern waren diese Lokomotiven auf Jahre unentbehrlich.

Auch in der Nachkriegszeit trugen bis zum Ende des Dampfbetriebs vor allem Loks der Baureihen 41, 44, 50 und 52 bei beiden deutschen Bahnverwaltungen die Hauptlast des Güterzugdienstes. Sie spielten vor allem vor schweren Zügen auf den nicht elektrifizierten Hauptbahnen eine tragende Rolle, denn leistungsmäßig konnten ihnen selbst die stärksten Diesellokomotiven kaum das Wasser reichen. Da auf diese Maschinen auf Jahrzehnte hinaus nicht verzichtet werden konnte, wurden sie teilweise

Ganz oben: Das Bahnbetriebswerk Osnabrück Hbf war zu Dampfzeiten so ziemlich die wichtigste Dienststelle der schnellen Güterzugloks der Baureihe 41. Daher ist die Behauptung, dass fast jede 41er während ihrer Betriebszeit schon einmal in diesem Bw beheimatet gewesen ist, gar nicht so abwegig. Dies galt selbstverständlich auch für die auf Ölhauptfeuerung umgerüsteten Maschinen. Am 30. Juni 1968 wurde die 41 356 Öl dort fotografiert. (Hans-Jürgen Eggerstedt)

Nach Elektrifizierung der Rollbahn im Herbst 1968 wurden die ölgefeuerten, nun als 042 bezeichneten Maschinen im Bw Rheine zusammengezogen. Für die nächsten Jahre wurde das Emsland, aber auch die Linie Osnabrück – Oldenzaal/Niederlande ihr hauptsächlicher Einsatzraum. Auf der Fahrt nach Norden wendeten die Maschinen im Bw Emden. An einem Augusttag des Jahres 1970 wartete die 042 347 auf ihren nächsten Einsatz. (Slg. Paulitz)

umfangreichen Umbauten unterzogen, wozu vor allem neue Kessel und der Umbau auf Ölhauptfeuerung zählten. Von den 220 bei der DB verbliebenen Loks der Baureihe 41 mussten aufgrund der zahlreichen Kesselschäden zwischen 1957 und 1966 nicht weniger als 103 Einheiten mit neuen Hochleistungskesseln mit Verbrennungskammern ausgerüstet werden. 40 davon erhielten eine Ölhauptfeuerung. Die meisten Exemplare dieser nun als 042 bezeichneten, leistungsfähigsten 41er-Variante blieben bis zum Jahr 1977, dem Ende des Dampfbetriebs bei der Deutschen Bundesbahn, auf der Emslandstrecke im Einsatzdienst. Auch die DR stand vor dem gleichen Problem, die aus nicht alterungsbeständigem Stahl gefertigten Dampferzeuger zu ersetzen. Ab 1959 erhielten daher 80 Lokomotiven dieser Baureihe den neuen Ersatzkessel des Typs 39 E und wurden überdies mit Mischvorwärmern ausgerüstet.

Die Baureihe 44 wurde in den anspruchsvollen Umlaufplänen besonders hart gefordert. So leisteten im Sommerfahrplan 1960 sechs Lokomotiven dieser Baureihe des Bw Hanau täglich 578 km, gefolgt von sechs Maschinen der Baureihe 50 des Bw Oberlahnstein mit 530 km pro Tag. Selbst 1968 waren diese Werte noch nicht wesentlich gesunken: Sechs 44er des Bw Hildesheim leisteten täglich 502 km. An zweiter Stelle folgten fünf Loks des Bw Ehrang mit 495 km pro Tag. Sogar im letzten Dampflokplan der DB, dem Winterfahrplan 1976/77, erbrachten sechs Loks der Baureihe 44 Öl (043) der Bahnbetriebswerke Rheine und Emden eine tägliche Laufleistung von etwas über 280 km. Die Stars waren damals die schweren 4000 t-Erzzüge, die zwischen Emden und Rheine von zwei Dampflokomotiven gezogen wurden. Die Reichsbahn der DDR war noch etwas länger auf die schweren Güterzugloks angewiesen, da die zur Ablösung vorgesehenen modernen Traktionsarten nicht in den erforderlichen Stückzahlen zur

Mit dem nachmittags ab Rheine verkehrenden Nahgüterzug Ng 65661 ist die 042 164 am 30. Mai 1975 zwischen Steenfelde und dem Bahnhof Ihrhove in Richtung Emden unterwegs. Im Dezember 1975 wurde die 1939 gebaute Lok ausgemustert.

Verfügung standen. Während die noch aus Länderbahnzeiten stammende Baureihe 58 bereits 1976 ihre Dienste quittieren musste, waren die Baureihen 50 und 52 in ihrer rekonstruierten Form praktisch bis zur Wiedervereinigung im Einsatz.

Lokomotiven der Baureihe 50 und deren Umbauvarianten gehörten bei DB und DR zu den letzten Maschinen, die bis zum Ende des Dampfbetriebs durchhalten mussten. Bei der DB wurde die letzte Lok im Jahr 1977 beim Bw Duisburg-Wedau abgestellt, während in der DDR die rekonstruierte Lok 50 3559 des Bw Halberstadt die Ehre hatte, den offiziell letzten planmäßigen Dampf-Reisezug der DR zu befördern.

Auch die Baureihe 52 war in Ost und West schon aufgrund der riesigen gebauten Stückzahl noch sehr zahlreich vorhanden. Während die DB diese Kriegslokomotive bis 1963 ausmusterte, benötigte die DR diese zuverlässigen Loks noch ungleich länger, da nur relativ wenige Maschinen der Baureihe 50 bei ihr verblieben waren. Sie unterzog sogar ab 1960 über 200 Exemplare einer Rekonstruktion; die so umgebauten Loks erhielten die Baureihennummern 52 ^{80}. Die Lokomotiven erhielten neue Kessel und ab 1967 teilweise auch verbrauchssenkende Giesl-Flachejektoren. Die Baureihe 52 gehörte zu den letzten normalspurigen Dampflokomotiven, die bei der DR in Betrieb waren. Die meisten Lokomotiven der Baureihe 42 verblieben bei der DB. Die letzten Exemplare verschwanden dort bereits im März 1956, während die wenigen DR-Maschinen 1969 beim BW Pasewalk abgestellt wurden.

Durch die südlich des Bahnhofs Aschendorf an der Emslandstrecke befindliche, von der Straßenbrücke der B 70 gut einsehbare Kurve donnert am 24. Oktober 1975 die Lokomotive 042 206 mit einem Leerwagenzug in südliche Richtung in den Kamerabereich des Fotografen.

Durch frühzeitigen Ausfall vieler 012-Schnellzugloks traten seit dem Sommerfahrplan 1974 auf der Emslandstrecke teilweise chaotische Betriebsverhältnisse bei der Bespannung der Reisezüge ein, die nur mithilfe der noch zahlreich vorhandenen 042er gemildert werden konnten. Immer häufiger konnte man diese eigentlich nur für 90 km/h zugelassene Baureihe auch vor Schnellzügen als 012-Ersatz antreffen. Knallhartes Beschleunigen, 100 km/h als Dauergeschwindigkeit und Spitze bis 110 waren nötig, um den Fahrplan bei durchlaufenden Zügen einigermaßen halten zu können. Züge mit häufigeren Halten konnte die 042 infolge ihres durch die kleineren Treibräder bedingten guten Beschleunigungsvermögens meist einigermaßen planmäßig ins Ziel bringen. Zu dieser Gruppe gehörte auch der am 22. März 1975 von 042 018 geführte und bei Salzbergen fotografierte E 3260, der sein Ziel schon fast erreicht hat.

Für die Beförderung von Eilgüterzügen stellte die DRG zwischen 1936 und 1941 insgesamt 366 Schlepptenderlokomotiven der Baureihe 41 in Dienst. Dies war eine gut gelungene 1´D 1´-Zweizylinder-Einheitslok mit einfacher Dampfdehnung, 1600 mm Treib- und Kuppelraddurchmesser und einem Kesseldruck von 20 bar. Um Kesselschäden zu vermeiden, wurde dieser bereits 1941 auf verträglichere 16 bar herabgesetzt. Die Achslast konnte wahlweise auf 18 oder 20 t verändert werden. Schon bald zeigte sich, dass man mit dieser Lok eine Universalmaschine zur Hand hatte. Wegen des zur Ermüdung neigenden Kesselstahls ST 47 k erhielten zahlreiche DB-Loks neue Ersatzkessel. Den nicht umgerüsteten Maschinen ging es seit 1966 zunehmend an den Kragen. Hierzu gehörte auch die am 13. April 1965 im AW Nied mit ihrer Mannschaft fotografierte 41 023, die ihr Einsatzleben im Oktober 1968 im Bw Rheine beendete. (E. Fischer/Archiv GM)

DB
41 023
BD Münster
Bw Kirchweyne
K.m.Z. Gesfängebauart Tr.1938

Von den zwischen 1958 und 1961 neubekesselten Lokomotiven der Baureihe 41 wurden 40 Stück mit einer Ölhauptfeuerung ausgerüstet. Damit erwiesen sich die Lokomotiven als wirtschaftlicher und leistungsfähiger. Neben der körperlichen Entlastung des Heizers konnten Dampferzeugung und Energieverbrauch viel leichter an den während der Fahrt stark schwankenden Bedarf angepasst werden. Einzig einer übermäßig hohen Heißdampftemperatur musste Beachtung geschenkt werden. Anfangs hatten die Lokomotiven auf der Rollbahn von Bremen ins Ruhrgebiet ihren Haupteinsatzbereich. Zum Schluss wurden sie beim Bw Rheine zusammengezogen. Am 23. Oktober 1977 wurde die 042 113 als letzte Maschine ausgemustert. Auf diesem Foto hämmert die 042 175 im Herbst 1974 mit einem langen Kokszug nördlich von Papenburg in Richtung Emden.

Rechts oben: Am 28. Februar 1976 wollte der dichte Frühnebel im Emsland nicht weichen, als der mit einigen Hundert fabrikneuen Pkw VW „Golf“ beladene, von der ölgefeuerten Mikadolok 042 095 gezogene Ganzzug 77250 mit mächtiger Dampfentwicklung nördlich des Bahnhofs Leschede in Richtung Küste fuhr und die Vorbeifahrt zu einem Klangerlebnis der besonderen Art gestaltete.

Rechts unten: Die seit 1971 im Bw Rheine konzentrierten 35 ölgefeuerten 042er wurden für ziemlich alle anfallenden Beförderungsleistungen verwendet, so z.B. vor Güterzügen, als Vorspannmaschine für die 4000-t-Erzzüge oder als Reisezugreserve. Eine wichtige Aufgabe war die Beförderung der Kesselwagenzüge zwischen der Erdölraffinerie Emsland mit dem Bahnhof Holthausen bei Lingen und Rheine. Am 26. März 1975 zog die 042 320 den Ganzzug 57431 nach einem kräftigen Regenschauer in der Nähe der Blockstelle Mehringen zwischen Elbergen und Leschede in Richtung Rheine.

227
9

Die bei der DR verbliebenen Dampflokomotiven mit Dampferzeugern aus Stahlsorte ST 47 K hatten natürlich auch unter dem nicht alterungsbeständigen Material zu leiden. Nach dem im Oktober 1958 erfolgten Kesselzerknall der 03 1046 vor dem Balt-Orient-Express wurde das Problem endlich entschlossen angegangen und die Baureihe 41 in das Rekonstruktionsprogramm aufgenommen. Ab 1959 erhielten 80 Lokomotiven einen neuen Ersatzkessel mit Verbrennungskammer und Mischvorwärmer. Da dieser Kessel auch für die Baureihen 03, 03 [10] und 39 verwendet wurde, war die Austauschbarkeit gewährleistet. Die so umgebauten 41er waren bei den Personalen sehr beliebt und wurden bevorzugt im Flachland im Eilgüterzugdienst, oft auch vor Reisezügen aller Art, eingesetzt. Einen solchen Dienst absolvierte die 41 1231, die mit dem beachtlich langen P 6507 an einem regennassen Morgen im Bahnhof Aschersleben zu sehen ist. (Slg. Paulitz)

Rechts oben: In den 1970er-Jahren befanden sich bei der DDR-Reichsbahn noch zahlreiche Maschinen der Baureihe 41 im Einsatz. Die letzten Exemplare konnten sich im Plandienst sogar bis 1988 halten, wobei die seit den frühen 1980er-Jahren drastisch gestiegenen Ölpreise einigen dieser rostgefeuerten Maschinen nochmals eine Galgenfrist bescherten. Insgesamt 23 dieser Fahrzeuge wurden durch das Raw Meinigen nochmals aufgearbeitet. Erst im Mai 1988 schied Lok 41 1231 der Einsatzstelle Staßfurt als letzte Maschine dieser Baureihe im Plandienst der DR aus. Hier ist die 41 1185 vor einem Reisezug in Magdeburg Hbf aktiv. (Slg. Paulitz)

Rechts: 1977 musste die 41 1225 im Bahnhof Camburg an der Saalebahn mit einem Durchgangsgüterzug eine Überholung abwarten. Zehn Jahr später erfolgte ihre Ausmusterung im Bw Magdeburg. Die 1938 gebaute und 1960 rekonstruierte Maschine blieb als nicht betriebsfähiges Exponat erhalten.

Mit donnerndem Auspuff und Höchstgeschwindigkeit jagt die Mehrzwecklokomotive 41 1185 mit dem aus einer Garnitur Reichsbahn-Doppelstockwagen bestehenden P 7607 mit Volldampf durch die noch unberührte, dem Stand der frühen 1950er-Jahre entsprechende Infrastruktur der Gleis- und Signalanlagen des Bahnhofs Genthin. Heute rauschen ICE-Züge durch die völlig veränderte, keineswegs schöner gewordene Eisenbahnlandschaft. Auch das links zu sehende Stellwerk fiel dem Neubau der Strecke zum Opfer. Die am Schluss des Zuges angehängte Diesellok erfolgte zwecks Vermeidung einer Lokleerfahrt. Infolge der dichten Belegung der teilweise immer noch eingleisig ausgeführten Strecken war dies bei der Deutschen Reichsbahn nicht selten. (Slg. Paulitz)

41 1185-2

An der Bahnstrecke Erfurt – Schweinfurt befindet sich zwischen den Bahnhöfen Gräfenroda und Gehlberg in Thüringen der 1883 erbaute, 104,5 m lange Tunnel „Am Zwang“, den die DR-Neubaukessellok 41 1231 mit ihrem Personenzug P 9015 gerade unter starker Rauchentwicklung mit zeitlupenlangsamen Auspuffschlägen durchfahren hat. Dieser Streckenabschnitt liegt in einer beachtlichen Steigung, die vom 380 m hoch gelegenen Bahnhof Gräfenroda einen Höhenunterschied von 113 m auf sechs Kilometer Distanz bis zum Tunnel überwindet. Aber auch jetzt hat es die 41 noch lange nicht geschafft, denn auf den folgenden sechseinhalb Kilometern bis zum 3039 m langen Brandleitetunnel steigt die Bahn um weitere 129 m. (Slg. Paulitz)

Rechts oben: Auch auf den Strecken des Mittelrheins war die Baureihe 42 heimisch. Im Sommer 1949 ist die Lok 42 747 mit dem großen „Bk“, als Kürzel für das Heimat-Bw Bingerbrück, mit einem Güterzug bei Oberwesel am Rhein unterwegs und hat gerade die Wehrtürme Katzenturm und Ochsenturm passiert. Diese sind Teil der früheren, noch heute gut erhaltenen Stadtbefestigung. Auf die meisten der rund 700 zur DB gelangten Loks dieser Reihe konnte man bis 1954 verzichten. (Slg. Brinker)

Rechts unten: Ab 1943 wurde die Baureihe 42 als zweite, schwerere Kriegslokomotive gebaut. Sie entstand nach den fast gleichen Baugrundsätzen wie die 52, wobei allerdings verschiedene Verbesserungen in die Entwicklung mit einflossen. Die anfangs angedachte Zahl von 8000 Stück erwies sich angesichts der Kriegslage als vollkommene Illusion. Es blieb bei 865 Maschinen, die noch bis in die späten 1940er-Jahre fertiggestellt wurden und teilweise direkt nach Belgien und Frankreich gingen. Das Bw Bamberg beheimatete nach dem Krieg eine größere Zahl dieser Baureihe. Auf der am 6. Juni 1951 entstandenen Fotografie verlässt die Lokomotive 42 692 mit einem Güterzug den Würzburger Hauptbahnhof in östliche Richtung. (Slg. Brinker)

42 747
Bk

42 692

Bereits in den 1940er-Jahren hatte die DRG Versuche mit neuen Vorwärmeranlagen unternommen, um durch geringeren Kohleverbrauch die Betriebskosten zu senken. Nach Kriegsende wurden diese Untersuchungen fortgeführt und 1951 zwei Lokomotiven der Kriegsbaureihe 52 von den Kasseler Henschel-Werken versuchsweise mit Franco-Crosti-Abgasvorwärmern ausgerüstet. Zum Vorheizen waren rechts und links unter dem Langkessel der Maschinen zwei Vorwärmkessel installiert, wobei die Rauchgase der nach unten verlängerten Rauchkammer durch einen Umlenkkanal in die Vorwärmkessel gelenkt und anschließend zusammen mit dem Zylinderabdampf durch die beiden seitlichen Flachschornsteine ins Freie geführt wurde. Der eigentliche Schornstein hatte während der Fahrt keine Aufgabe und diente nur noch bei Stillstand zum Anheizen. Obwohl die Lokomotiven aus Teilen der Baureihe 52 entstanden waren, erfolgte ihre numerische Einordung aufgrund der durch die Umbauten auf knapp 18 t gestiegenen Achslast als Baureihen 42 ^{90}. Die 42 9000 als erstgebaute Lokomotive wurde am 30. Dezember 1950 angeliefert und am 3. Februar 1951 von der Bundesbahn abgenommen. Nach Fertigstellung erfolgte zunächst eine eingehende Erprobung beim Bundesbahn-Versuchsamt (BZA) Minden, wobei ein verbesserter thermischer Wirkungsgrad sowie eine Brennstoffersparnis von bis zu 15 % gegenüber der Ursprungsbaureihe 52 nachgewiesen werden konnten. Relativ hoch war jedoch der Unterhaltungs- und Reparaturaufwand, vor allem durch Korrosionsschäden in den Vorwärmerkesseln und in den Schornsteinen. Anfangs fuhren die Loks noch ohne Windleitbleche. Da aus den seitlichen Schornsteinen Rauchgase in den Führerstand drangen, was zu einer erheblichen Belästigung des Personals führte, mussten noch 1951 Windleitbleche angebaut und ein Windabweiser auf dem Dach des Führerhauses installiert werden. Die mit den beiden Versuchslokomotiven gesammelten Erfahrungen waren keinesfalls sinnlos vertan, denn sie flossen in die Franco-Crosti-Kessel der späteren Baureihe 50 ^{40} ein. Von Mitte 1952 bis 1958 waren die Loks der Reihe 42 ^{90} beim Bw Bingerbrück stationiert. Anschließend kamen sie zum Bw Oberlahnstein, das diese beiden Einzelstücke infolge ihrer hohen Reparaturkosten nach einer Betriebszeit von nur neun Jahren ausmusterte. (Slg. Brinker)

Zu Vergleichszwecken zur Dreizylinder-Baureihe 44 ließ die DRG die Reihe 43 mit Zwillingstriebwerk bauen. Es entstanden 35 Maschinen, die nach Kriegsende sämtlich beim Bw Senftenberg konzentriert waren. Hier wurden die Loks weit über die im Merkbuch zugrunde gelegten Lasten beansprucht. Berühmt wurde die Fahrt der 43 031, die am 24. Januar 1949 eine mit 295 Achsen und 4501 t kaum vorstellbare Anhängelast von Lübbenau nach Berlin-Schöneweide beförderte. Infolge der für die Feuerung verwendeten Braunkohlebriketts mit im Vergleich zur Steinkohle deutlich geringerem Heizwert bedeutete dies, dass mindestens die doppelte Kohlemenge auf den Rost geschaufelt werden musste. Selbst wenn die Maschine mit zwei Heizern besetzt war, verlangte es diesen die allerletzten körperlichen Reserven ab. Hier ist die 43 030 vor einem Leerwagenzug abgebildet. (Slg. Knipping)

Die Dreizylinderlok 44 116 ist als die wohl bekannteste Lok der Schwerlastbewegung in die DR-Geschichte eingegangen. Die anfangs „Aktivistenlok Nr. 1" und später „Columbus" genannte Lokomotive war die Planmaschine des Lokführers Paul Heine vom Bw Leipzig-Wahren. Heine, dem der Titel „Held der Arbeit" zuerkannt wurde, war jener Lokführer, dessen Name mit dieser Bewegung, insbesondere den Langstreckenfahrten, eng verbunden war. Das Ziel bestand darin, überlange Züge in den vom Buchfahrplan her vorgegebenen Zeiten zu befördern. Damit sollten Kohleverbrauch und Zahl der Lokeinsätze reduziert werden. Diese propagandistisch stark herausgestellten Fahrten wurden bis Mitte der 1950er-Jahre mit wechselnder Intensität beibehalten. (Slg. Dr. Brian Rampp)

Um dem großen Mangel an hochwertiger Lokomotivkohle abzuhelfen, rüstete die DR zahlreiche Lokomotiven verschiedener Baureihen auf Kohlenstaubfeuerung um. Hierzu gehörten auch 22 Loks der Baureihe 44. Diese aus der Not geborene Lösung bewährte sich durchaus, denn der Einsatz der letzten derart umgebauten Maschinen endete erst 1974. Abgebildet ist die 44 9481 (ex. 44 1481) im Bw Arnstadt. (Slg. Dirk Winkler)

Linke Seite: Obwohl die Sonnenscheibe bereits den Frühnebel durchdrungen hatte, herrschte noch am späten Vormittag des 25. Oktober 1975 im Emsland eine ziemlich dicke Suppe. Durch diese Nebelwand kämpfte sich an diesem Tage die Lok 043 737 mit dem 2000 t-Erzzug Gdg 77250 aus Emden die Steigung bei Lathen hinauf. Obwohl bereits lange vorher hörbar, tauchte der Zug erst in allerletzter Sekunde aus der „Waschküche" auf. Besonders diese im Herbst sehr verbreiteten, kaum vorhandenen Sichtverhältnisse waren bei den Lokpersonalen stets gefürchtet und ließen den Dienst auf den Dampflokführerständen nicht selten zu einer Zitterpartie werden.

Der Bahnhof Herzberg am Südrand des Harzes war am 21. August 1975 gegen 19.50 h Schauplatz dieser zur blauen Stunde entstandenen Aufnahme. Die Lokomotive 052 602 (Bildmitte) hat einen Güterzug aus Richtung Ellrich/DDR gebracht, während rechts die Lok 044 210 mit dem Dg 53848 auf Ausfahrt nach Northeim wartet. Links im Bild eine Diesellok der Baureihe 212 vor einem Personenzug. Diese zur Zeit ihres Erscheinens von vielen Dampflokfreunden als „rote Seuche" wenig geliebten Maschinen sind mittlerweile aus dem Plandienst der DB Bahn AG auch schon lange wieder verschwunden. Und doch gibt es Menschen, die den letzten dieser Maschinen hinterherjagten und ihnen bis heute nachtrauern. Wie zu vermuten, gehört der Verfasser dieser Zeilen nicht dazu.

Die ölgefeuerte Dreizylinder-Güterzuglokomotive 44 0235 des Bw Eberswalde hatte am 9. April 1978 mit einem Kesselwagen-Ganzzug aus dem petrochemischen Kombinat Schwedt auf der Fahrt nach Berlin einen unplanmäßigen Zwischenhalt in der Nähe des Bahnhofs Buch. Jetzt ist die Fahrstraße frei, das Hauptsignal steht auf HP 1, und die Güterzugmaschine versucht, die schwere Fuhre unter einer schwarzen Ölqualmwolke lautstark wieder in Fahrt zu bringen. Durch die Ölkrise, welche die DDR in den frühen 1980er-Jahren besonders hart traf, mussten fast alle Loks dieser Baureihe abgestellt oder auf Rostfeuerung rückgebaut werden.

Die Sollingbahn gehörte mit ihrem Mittelgebirgscharakter zu den letzten bedeutenden Einsatzstrecken für die Baureihe 44. Im Abschnitt zwischen Würgassen und Karlshafen verläuft die Linie in Richtung Northeim an den bis zu 300 m steil abfallenden Hängen des Sollings unmittelbar am Weserufer entlang. Am Nachmittag des 17. Juli 1975 kurz vor 15 h donnerte die 044 381 mit der langen Wagenschlange des Dg 53849 mit etwa 80 km/h durch diesen unmittelbar vor dem Bahnhof Karlshafen gelegenen landschaftlich sehr reizvollen Bereich. Dem schwarzen, aus dem Schornstein der Lokomotive entweichenden Qualm war zu entnehmen, dass der Heizer für die schon bald mit einem Neigungswinkel von bis zu 94 ‰ beginnende anstrengende Rampenfahrt bereits tüchtig Kohle aufgelegt hat.

Am 9. Mai 1970 verlässt die beim Bw Rottweil beheimatete 044 402 (ex. 44 1402) mit einem Durchgangsgüterzug mit Laufweg Kornwestheim – Singen den auf dem Abschnitt zwischen Eutingen und Horb befindlichen, 309 m langen Mühlener Tunnel. Der Zug befindet sich in dem ins Neckartal führenden Gefälle, das zwischen den beiden Bahnhöfen auf zehn Kilometern 80 m Höhenunterschied betrug. Daher hat der Lokführer den Regler beigezogen und donnert mit einer durch das Gewicht des Wagenzuges verstärkten ansehnlichen Geschwindigkeit zu Tal.

Rechte Seite: Ein Sprung von der Gäubahn ins Emsland. Kalt war es am Morgen des 1. Februar 1977, als die ölgefeuerte Güterzuglok 043 321 ihren Drillingstakt ertönen ließ und unter mächtiger Dampfentwicklung mit dem Autotransportzug 77352 durch den Abschnitt Haren – Lathen in Richtung Emden donnerte. Als diese Fotografie entstand, befand sich der Dampfbetrieb bei der Deutschen Bundesbahn schon buchstäblich in den letzten Zügen, und die Emslandstrecke mit ihren Bahnbetriebswerken Rheine und Emden war praktisch die einzige längere Hauptbahn, die noch von dieser Traktionsart häufiger, mit der Zeit aber immer seltener, frequentiert wurde.

44 079

44 606

Links oben: Zum Beginn des Winterfahrplans 1968/1969 wurde auf der Rollbahn Bremen – Osnabrück der elektrische Betrieb aufgenommen. Der Fahrdraht hing bereits, als die noch mit Frontschürze ausgerüstete rostgefeuerte Lok 44 079 im Sommer 1968 mit einem gemischten Güterzug den Streckenabschnitt des Wiehengebirges bei Vehrte durchquerte. Die Lok gelangte später zum Bw Gelsenkirchen-Bismarck und beendete dort im April 1972 ihre Schienenkarriere. Für die Heizer der Kohleloks bedeutete der unter Hochspannung stehende Fahrdraht eine große Gefahr, war es doch tunlichst zu vermeiden, beim Vorziehen der Kohle in dessen unmittelbare Nähe oder gar mit ihm direkt in Berührung zu kommen. Fast immer war ein tödlicher Ausgang sicher. Heute spielen manche Jugendliche beim „S-Bahn-Surfen" und ähnlichen Mutwilligkeiten grundlos mit Leben und Gesundheit, nur um dadurch vielleicht den ultimativen Kick genießen zu können. (Slg. Paulitz)

Links unten: Am 14. September 1968, nur zwei Wochen vor Aufnahme des elektrischen Betriebs, wuchtet die ölgefeuerte Güterzuglok 44 606 Öl einen aus gedeckten Schüttgutwagen gebildeten Ganzzug bei Vehrte über die lange Steigung in Richtung Osnabrück. Der im Juni 1960 auf Ölhauptfeuerung umgerüsteten Maschine war noch eine mehr als neunjährige Dienstzeit vergönnt, bevor sie als 043 606-3 am 26. Oktober 1977 als eine der letzten Lokomotiven dieser Baureihe beim Bw Emden ausgemustert wurde. (Hans-Jürgen Eggerstedt)

Oben: Vor allem auf den topografisch anspruchsvollen, nicht elektrifizierten Mittelgebirgsstrecken waren die DB-44er bis zum Ende der Dampfepoche nahezu ohne Konkurrenz. Keine der verfügbaren Dieselloks konnte diese starken Lokomotiven leistungsmäßig ersetzen. Bis zum Sommerfahrplan 1976 waren die langen Rampenstrecken auf der früher so bedeutsamen Sollingbahn, der Ost-West Relation von Altenbeken nach Herzberg, die letzte Domäne für Loks des Bw Ottbergen. Am 21. Mai 1976 hatte die 044 195 mit dem Dg 53849 gerade den Bahnhof Ottbergen hinter sich gelassen und befuhr die über das kleine Flüsschen Nethe führende stählerne Fischbauchträgerbrücke in Richtung Herzberg. In Anbetracht der noch zu bewältigenden erheblichen Steigungsabschnitte war die maximale Anhängelast für diese Baureihe auf 1260 t begrenzt.

Kurz vor Ottbergen passiert am 15. Mai 1976 der an diesem Tage recht kurze Durchgangsgüterzug Dg 53840 mit Laufweg Herzberg – Altenbeken – Hamm das im Hintergrund befindliche, malerische Dörfchen Amelunxen. Der erhöhte Standpunkt des Fotografen eröffnet einen schönen Blick über die noch weitgehend intakte Landschaft. Eisenbahnfreunde hatten dafür gesorgt, dass die Lokomotive mit dem eigentlich zu Friedenszeiten unüblichen Puffertellerwarnanstrich sowie der ursprünglichen Betriebsnummer „44 256“ versehen wurde. Nach Auflassung des Dampfbetriebs in Ottbergen gelangte die Lok noch für kurze Zeit zum Bw Gelsenkirchen-Bismarck, dem Auslauf-Bw für diese Baureihe, wo die Ausmusterung zum Ende des gleichen Jahres erfolgte.

Rechte Seite: Das Ruhrgebiet mit seinen Bahnbetriebswerken wurde bei der DB zum letzten Einsatzraum rostgefeuerter Dampflokomotiven. Wegen der Konzentration zahlreicher 44er-Güterzuglokomotiven nahm Gelsenkirchen-Bismarck hierbei eine Sonderstellung ein. Erst zum Ende des Winterfahrplans 1974/1975 endete der Plandienst für diese Baureihe. Damit trat – trotz der weiterhin zahlreich zu befördernden Programmzüge und Sonderleistungen – ein starker Überhang an Dampfloks ein, was zu vermehrten Ausmusterungen führte. Die unlängst vom Bw Weiden nach Gelsenkirchen-Bismarck umgesetzte 044 652 steckte am 1. Juli 1975 allerdings noch voller Leben, als sie als Leerlok auf der von Oberhausen-West nach Duisburg-Wedau führenden Ruhrtal-Güterbahn schwarz qualmend in die Reichweite des Teleobjektivs des Fotografen fuhr.

044 654-2

Die als Gäubahn bezeichnete, von Singen nach Stuttgart führende Linie ist eine wichtige Verbindung für den Reise- und Güterverkehr im südlichen Baden-Württemberg. Für Güterleistungen endete diese Bahn nicht in Stuttgart, sondern führte bis Kornwestheim. Bis Anfang der 1970er-Jahre bespannten 44er-Güterzugloks des Bw Rottweil die durch das Neckartal geführten Durchgangsgüterzüge bis zum Bahnhof Böblingen. Dort wurde auf Ellok umgespannt. An einem schönen Maimorgen des Jahres 1971 hatte gegen 9 h der stets pünktliche Dg 6943 mit seiner Lokomotive 044 460 gerade den Eisenbahnknotenpunkt Horb am Neckar hinter sich gelassen und ging mit viel Schwung und lautem Getöse in die lange Steigung nach Eutingen. Links im Hintergrund ist das malerische Städtchen Horb mit seinem Wahrzeichen, der Stiftskirche, sichtbar.

Rechts oben: Noch Anfang der 1970er-Jahre waren zahlreiche rostgefeuerte 44er-Güterzuglokomotiven im Bw Emden stationiert. Zusammen mit ihren in Rheine beheimateten ölgefeuerten Schwestern waren diese leistungsstarken Maschinen hauptsächlich für die Erzabfuhr von Emden Rbf zu den Hüttenwerken im Ruhrgebiet und Saarland zuständig. Der Montanverkehr bildete damit den größten Anteil des Güterverkehrs auf der Emslandstrecke. Am 17. Juni 1970 befand sich die 044 638 mit einem 1500 t Erzleerpark in der Nähe von Sprakel mit weichem Drillingstakt auf der Fahrt in Richtung Emden.

Rechts unten: Ein mehr als seltener Schnappschuss: Zwei Lokomotiven der ölgefeuerten Baureihe 043 begegnen sich am 26. August 1972 in voller Fahrt am Haltepunkt Holthausen nördlich von Lingen. Lok 043 094 nähert sich mit einem Erzleerpark von rechts, während die 043 381, für die das Vorsignal auf Fahrt steht, von der linken Seite mit einer beladenen Erzgarnitur herangedampft kommt. Der Zufall wollte es, dass zwischen den Lokomotiven sogar noch das Schild „Holthausen (Ems)“ zu lesen ist.

HOLTHAUSEN EMS

Auch die von Hagen nach Siegen führende steigungs- und sehr tunnelreiche Ruhr-Sieg-Strecke war jahrzehntelang Heimat der auch als „Jumbos" bezeichneten Loks der Baureihe 44. Stationiert waren die Lokomotiven in den Bahnbetriebswerken Hagen-Vorhalle und Altenhundem. Obwohl die Elektrifizierung die betriebliche Situation deutlich erleichterte, müssen selbst heute noch schwere Güterzüge auf dem rund elf Kilometer langen, kurvenreichen Rampenabschnitt von Altenhundem nach Welschen-Ennest nachgeschoben werden. Am 11. Mai 1956 war die mit einer geschlossenen Umlaufschürze ausgerüstet 44 443 des Bw Hagen-Vorhalle mit einem Lgo (Leerwagenzug mit offenen Wagen) in der Gegenrichtung zum Ruhrgebiet unterwegs, als sie den Fluss Lenne auf dieser fotogenen, zwischen Lenhausen und Rönkhausen befindlichen Steinbrücke überquerte. Die zum Schluss beim Bw Weiden stationierte Lokomotive wurde im März 1974 ausgemustert. (CB/Slg. Paulitz)

Rechte Seite: Rangierbahnhof Herzberg am 18. August 1975 gegen 7.55 h. An diesem Tage hatte der in der Regel nur einmal wöchentlich und bei Bedarf verkehrende, mit Tonerde für Bitterfeld/DDR beladene Behälterzug Gag 47861 aus Quadrath-Ichendorf bei Köln seinen großen Auftritt. Da der aus Kds 54-Behälterwagen bestehende Zug ein Gewicht von rund 1400 t besaß, musste er zwischen Herzberg und dem DDR-Grenzübergangsbahnhof Ellrich regelmäßig nachgeschoben werden. Hatte der Zug ein noch größeres Gewicht, erfolgte wegen der Rampe bei Hattorf die Schubleistung bereits ab Northeim. Hier steht der von Lok 044 389 gezogene schwere Behälterzug abfahrbereit im Bahnhof Herzberg. Die am Schluss des Zuges befindliche 052 502, die unter einer unübersehbaren kerzengerade in den morgendlichen Himmel steigenden schwarzen Qualmwolke Dampf „kocht", wird der Zuglok bei der bevorstehenden Fahrt über die Osterhagener Rampe wirksame Unterstützung geben.

044 389-6

Linke Seite: Am 5. Oktober 1972 wuchtet die ölgefeuerte 043 087 des Bw Kassel einen langen Durchgangsgüterzug mit äußerster Kraftanstrengung mit einer nur unwesentlich schnelleren Geschwindigkeit als der eines Fußgängers über die lang gezogene Rampenstrecke des Eggegebirges auf dem Abschnitt von Buke nach Neuenheerse. Beim Anblick des Bildes meint man die hart arbeitende Dreizylindermaschine förmlich zu hören. Obwohl die zweigleisig ausgebaute, von Hamm nach Warburg führende Strecke zu diesem Zeitpunkt bereits vom Fahrdraht überspannt war, konnte wegen des großen Mangels an Elloks auf die bewährten schweren Dampfrösser noch nicht verzichtet werden. Noch bis weit in das darauffolgende Jahr hinein waren hier die schweren Güterzugloks unentbehrlich. Die abgebildete Lokomotive beendete ihren Dienst durch Ausmusterung am 26. Oktober 1977 im Bw Emden.

Nicht nur die Streckentopografie, sondern auch die Witterungsverhältnisse machten Mensch und Maschine zu schaffen. Besonders der zu allen Zeiten unberechenbare Winter mit seinen Minusgraden hielt viele Tücken und Überraschungen bereit, bei denen die Technik stets aufs Neue ihre Widerstandskraft unter Beweis stellen musste. Trotz warmer Kleidung ließ der Dienst auf Dampflokomotiven weder bei Lokführer noch Heizer ein rechtes Vergnügen aufkommen. Kamen noch Sichtbehinderungen durch Schneetreiben oder Nebel hinzu, wurde die Anspannung für die Männer auf der Maschine unbeschreiblich, das rechtzeitige Erkennen der Signalstellungen Glücksache. Dabei musste auch der Fahrplan noch einigermaßen eingehalten werden. Gar nicht enden wollende Schneefälle führen zu Verwehungen, vor denen der Bahnbetrieb oftmals auch heute noch kapitulieren muss. Als an einem Februartag des Jahres 1989 die 44 1106 einen Personenzug bei einsetzendem Schneefall im Bahnhof Lübben bereitstellte, war die Situation für alle Beteiligten noch überschaubar und wenig bedrohlich. (Slg. Paulitz)

Die Erzbeförderung zwischen Emden und den Hüttenwerken im Ruhrgebiet sowie im Saarland bildete im Rahmen des Montanverkehrs schon immer den größten Anteil des Güteraufkommens auf der Linie zwischen Emden und Rheine. Neben den gebräuchlichen, aus 25 Fad-Selbstentladewagen bestehenden Ganzzügen mit 2000 t Zuggewicht wurden ab März 1967 auch sogenannte Doppelparks mit 50 Fad-Wagen und 4000 t Wagenzuggewicht von Emden Rbf zu den Stahlwerken in Richtung Saar gefahren. Diese im Eisenbahnerjargon auch „Langer Heinrich" benannten Züge verkehrten innerhalb von 24 Stunden in der Regel drei Mal. Neben diesen fest in den Fahrplänen verankerten Fahrten wurden gemäß Abfuhrprogramm bei Bedarf aber auch Sonderleistungen eingelegt. Diese Züge wurden stets von zwei Güterzuglokomotiven gezogen, wobei stets eine 043er- oder 044er-Lok mit von der Partie sein musste. Hier sind es die Loks 042 106 und 043 085, die am 27. Mai 1975 den Gdg 52912 unter Volldampf und sehr qualmintensiv über die Lathener Steigung zogen.

Rechte Seite: Neben den letzten Schnellzuglokomotiven der Baureihe 01 10 (012) zählten die 4000-t-Züge zu Dampfzeiten unumstritten zu den Hauptattraktionen für die zahllosen Eisenbahnfreunde. Obwohl man es bei der rund 142 Kilometer langen, mehr oder weniger schnurgerade nach Süden verlaufenden Relation auf den ersten Blick gar nicht vermuten würde, gab es auf dieser Strecke doch einige gravierende betriebliche Hindernisse. Vor allem waren dies drei eingleisige Abschnitte, die bei der mitunter recht dicht belegten Bahn zu Behinderungen in Form von Kreuzungen führen konnten. Die Fahrdienstleiter hatten zwar Anweisung, die gewichtigen 4000-Tonner möglichst ohne Halt passieren zu lassen, das ließ sich in der Praxis aber nicht immer verwirklichen. Am 26. Juni 1974 hatte der Gdg 52918 Überholung durch den Saisonschnellzug D 1737 im Bahnhof Kluse. Nachdem die Strecke wieder frei war, durfte der Erzzug seine Fahrt fortsetzen. Hier setzen die Lokomotiven 043 336 und 043 475 die schwere Fuhre unter sichtlicher Mühe krachend wieder in Bewegung.

043 336-7

Schwarz qualmend donnert die Dreizylinderlokomotive 044 378 mit einem langen Kokszug am 20. Juni 1970 bei Pommern über die von Weinbergen gesäumte Moselstrecke. Diese Maschine gehörte schon seit den frühen 1950er-Jahren zum Bestand des mit zahlreichen Lokomotiven dieser Baureihe belegten Bw Ehrang. Per Stichtag zum 31. Juli 1964 befanden sich dort 25 Maschinen, was auch in den folgenden Jahren ziemlich konstant blieb. Die unerwartete Hochkonjunktur zu Beginn der 1970er-Jahre ließ den Lokbestand zum Ende des Jahres 1971 sogar auf 42 Einheiten emporschnellen. Zusammen mit den im Bw Koblenz/Mosel stationierten Schwestermaschinen oblag diesen Lokomotiven vornehmlich die Beförderung des Montanverkehrs auf der 113 Kilometer langen Moselrollbahn. Erst die wegen einer Reihe aufwendiger Tunnelarbeiten relativ spät in Angriff genommene Elektrifizierung beendete diese Leistungen. Durch die plötzliche Ölkrise wurde der elektrische Betrieb bereits Anfang Dezember 1973 vorzeitig aufgenommen und die meisten 44er nach Rheine umgesetzt, die dort wiederum Öllloks ersetzten. Hiervon war auch die Lok 044 378 betroffen. (Hans-Jürgen Eggerstedt)

Rechts oben: Das mittlerweile von der Stadt Neustadt an der Orla eingemeindete Dörfchen Neunhofen liegt an der Hauptmagistrale Leipzig – Probstzella. Diese Bahnlinie ist Schauplatz der Vorbeifahrt eines von Saalfeld nach Gera bestimmten, von der Drillingslokomotive 44 0093 geführten schweren Behälterganzzuges, der ob seiner zwiebelähnlich geformten Wagen in Eisenbahnerkreisen auch Zwiebelzug genannt wurde. Die 44 0093 wurde 1942 als 44 1093 in der Wiener Lokomotivfabrik Wien-Floridsdorf gebaut und zunächst dem Bw Mannheim zugeteilt. Nach 1945 gelangte sie in den Bestand der DDR-Reichsbahn und wurde hauptsächlich von den Bw Schwerin und Zwickau eingesetzt. Anfang des Jahres 1965 erfolgte der Umbau von Rost- auf Ölfeuerung. Danach gehörte sie lange Zeit zum Bw Halle G; sie beendete aber ihre aktive Dienstzeit bei dem zum Direktionsbezirk Erfurt gehörenden Bw Sangerhausen.

Darunter: Die ölgefeuerte DR-Güterzuglokomotive 44 0231 ist im September 1981 mit einem gemischten Frachtenzug im Bahnhof Göschwitz zum Halten gekommen. Das charakteristische Merkmal der 44er-Öllloks der Deutschen Reichsbahn waren die im Vergleich zu den DB-Maschinen höher angeordneten Windleitbleche sowie die vorn seitlich an der Rauchkammer befindlichen Pumpen. (Volker Fröhmer/Slg. Paulitz)

Halle-Leipzig
440231-9

45 023

Steigende Anhängelasten und die beabsichtigte Beschleunigung des Güterverkehrs auf Hauptbahnen erforderten Mitte der 1930er-Jahre die Entwicklung neuer, leistungsstärkerer Dampflokomotiven. Im November 1936 und Juni 1937 lieferten die Henschel-Werke die beiden Baumusterlokomotiven der 1´ E 1´-Baureihe 45, welche zu Deutschlands stärksten Dampflokomotiven wurden. Die Loks besaßen 1600 mm Treib- und Kuppelraddurchmesser, eine wahlweise auf 18 bzw. 20 t veränderbare Achslast sowie einen Kesseldruck von 20 bar. Die für eine Höchstgeschwindigkeit von 90 km/h zugelassenen Dreizylindermaschinen lagen auch bei schneller Fahrt ruhig im Gleis und waren mit großen fünfachsigen Tendern gekuppelt, die 38 m^3 Wasser und 10 t Kohle fassten. Das Fehlen einer mechanischen Stokerfeuerung machte für diese riesige Lokomotive den Einsatz von zwei Heizern notwendig. Zunächst blieb es bei den beiden Prototypen. Erst 1940/1941 folgten weitere 26 Maschinen der Serienausführung. Genauso wie bei der Baureihe 06 gab es auch bei dieser Lokomotive recht schnell Probleme mit dem überdimensionierten Kessel. Die große Rohrlänge von 7500 mm führte zu Schäden, was auch einer der Gründe war, den Betriebsdruck noch während des Krieges auf 16 bar zu reduzieren. Nach Kriegsende verblieben alle Loks bis auf eine in den Westzonen. In den frühen 1950er-Jahren tauschte die DB bei insgesamt fünf Maschinen die nicht alterungsbeständigen ST 47 k-Kessel gegen neue Ersatzkessel mit Verbrennungskammer und installierte eine mechanische Rostbeschickung. Durch eine Änderung an der Saugzuganlage erfüllten die so umgebauten Maschinen nun alle Erwartungen und erreichten Leistungsspitzen von mehr als 3000 PSi. Die beim Bw Würzburg eingesetzten Loks litten aber unter Zylinderschäden, sodass ab 1962 die letzten drei Exemplare in den Versuchsämtern Minden und München verwendet wurden. Im November 1968 wurde die 45 010 als Letzte ihrer Art abgestellt. Bei einem Großbrand im Lokschuppen des Verkehrsmuseums Nürnberg wurde die Lokomotive am 17. Oktober 2005 stark beschädigt und danach optisch wieder aufgearbeitet. Diese drei Aufnahmen hingegen entstanden am 28. Mai 1965 im Bw München-Ost. (Edgar Fischer/Archiv GM)

Am 1. November 1956 gelang dem Altmeister Carl Bellingrodt diese schöne Aufnahme eines von den Lokomotiven 50 1615 des Bw Hagen Gbf und der 44 1248 des Bw Hagen-Vorhalle geführten Eilgüterzuges bei Benolpe auf der steigungsreichen Ruhr-Sieg-Strecke. Dabei konnte der Fotograf das links sichtbare Fachwerkhaus sehr geschickt und bildwirksam als Vordergrundmotiv einbauen. Auf dieser schwierig trassierten Linie waren Doppelbespannung oder Schub bei den meisten Güterzügen die Regel. Während die 50er am 24. Februar 1967 ihren Dienst beim Bw Dieringhausen quittierte, wurde die beim Bw Wuppertal-Vohwinkel stationierte 44 1248 seit dem 22. November 1966 nicht mehr eingesetzt. (CB/Slg. Paulitz)

Stellvertretend für die vielen Lokpersonale von Reichs- und Bundesbahn, soll die rechte Seite speziell ihnen gewidmet sein. Oben warten die beiden Schwarzen der 050 737 am 14. September 1974 in Bad Harzburg auf Ausfahrt. Die Maschine hatte an diesem Tage den Eilzug E 3536 bis Goslar zu befördern. Lokführer und Heizer waren stets eine Einheit, und je besser beide auch menschlich harmonierten, desto leichter und unproblematischer war ihr Dienst. Während der den Regler bedienende, auch Meister genannte Lokführer für Lokomotive und Zug die Verantwortung trug, war der in der Hierarchie stets ein wenig in dessen Schatten stehende Heizer als sein Gehilfe nicht nur für die Brennstoffversorgung der Lokomotive zuständig. Er war auch gehalten, sofern dies sein Dienst zuließ, sich an der Streckenbeobachtung zu beteiligen. Auf dem unteren Bild blicken Lokführer und Heizer der 050 592 des Bw Mayen freundlich in die Kamera des Fotografen. Die Lokomotive war für einen Nahgüterzug nach Andernach eingeteilt.

Auch die seit 1937 von der DRG beschafften Einheitslokomotiven der Baureihe 50 wurden als Universalmaschinen häufig im Reisezugdienst verwendet. Am Bau dieser 1´E-Zweizylindermaschinen mit einfacher Dampfdehnung waren insgesamt 21 Herstellerfirmen beteiligt, die im Ganzen 3.164 Stück auf die Räder stellten. Da diese Lokomotive mit ihrer Achslast von 15 t eine leistungsfähige und zugleich auch universell auf Nebenbahnen mit schwächerem Oberbau geeignete Maschine war, stellte allein schon ihre große Stückzahl eine flächendeckende Verbreitung in nahezu allen Betriebswerken beider deutscher Bahnverwaltungen sicher. Denn es hat wohl kaum eine Dienststelle gegeben, die nicht zumindest zeitweise Lokomotiven dieser Universalbaureihe in ihrem Bestand hatte. Trotz des fortschreitenden Strukturwandels in der Zugförderung befanden sich Anfang 1968, dem Stichtag der Umstellung auf das EDV-Nummernsystem, immer noch 1.452 Maschinen im DB-Bestand. Seither wurden diese als Reihen 050, 051, 052 und 053 bezeichnet. Diese Lokomotiven gehörten mit zu den letzten Dampfloks, die sich bei dieser Bahnverwaltung im Einsatz befanden. Erst Anfang 1977 rollten die letzten sechs Maschinen des Bw Duisburg-Wedau auf das Abstellgleis. An einem kühlen, aber sonnigen Maimorgen des Jahres 1973 fährt gegen 5.35 h die beim Bw Hof beheimatete Lokomotive 052 213 mit dem Personenzug P 3215 in der Nähe des Dörfchens Fattigau auf der Strecke nach Regensburg in den beginnenden Tag. Zug und Wiesen sind noch von Tau überzogen. Die weiße Dampffahne verbreitet sich über dem langen, aus dreiachsigen Umbauwagen bestehenden Zug und zeigt damit die herrschende Morgenkühle an.

Auch der Großraum Crailsheim – Heilbronn – Würzburg – Ulm gehörte noch bis Mitte der 1970er-Jahre zu den bedeutendsten Dampfzentren der Deutschen Bundesbahn. Alle Strecken dieser Region wurden sowohl im Reise- als auch im Güterzugverkehr überwiegend mit Dampfloks bedient, welche zum größten Teil beim Bw Crailsheim beheimatet waren. Wenige Kilometer östlich des Bahnhofs Schwäbisch Hall überquert die zweigleisige, auch als Hohenlohebahn bezeichnete Hauptstrecke von Crailsheim nach Heilbronn in der Nähe des Örtchens Tullau das tief eingeschnittene Tal der Kocher, eines Nebenflüsschens des Neckar. Dies geschieht auf dem gleichnamigen, 41 m hohen Viadukt. Am 1. November 1973 rollte eine nicht identifizierte Güterzuglok der Baureihe 50 mit einem gemischten Durchgangs-Güterzug (Dg) auf diesem Abschnitt talwärts, nachdem sie gerade den 129 m langen Tullauer Tunnel durchfahren hatte. Die noch zu dieser Zeit vorhandene große Vielfalt der Güterwagentypen ist bemerkenswert.

Sonniges, klares Herbstwetter herrschte am 14. Oktober 1972, als der Fotograf die mit einer Geschwindigkeit von etwa 60 km/h vor dem Nahgüterzug Ng 16825 dahindampfende Kabinentenderlok 052 817 des Bw Hof an der beliebten Fotostelle in den Kauerndorfer Wiesen auf die sprichwörtliche Platte bannte. Der meistens gut ausgelastete Zug fuhr mit Hofer Personal und verkehrte werktags ab 9.40 h von Lichtenfels bis zu seinem Zielbahnhof Hof, den er planmäßig um 12.53 h erreichte. Die Ankunft in Neuenmarkt-Wirsberg am Fuß der „Schiefen Ebene“ war um 10.56 h. Hier gab es einen kurzen Aufenthalt. Da die zulässige Grenzlast für die Baureihe 50 auf der folgenden Steilrampe 371 t betrug, wurde eine Schiebelok benötigt. Nach dem Ansetzen dieser Lok – in der Regel war dies eine Diesellok der Baureihe 211 – ging es die 1:40-Rampe hoch. Die Grenzlast eines derart bespannten Zuges lag nun bei 700 t. Dem Vernehmen nach ist es aber öfters vorgekommen, dass diese zum Teil erheblich überschritten wurde. Für die hier noch so aktive Zuglok war das Bw Hof die letzte Dienststelle. Dort wurde sie am 24. August 1973 ausgemustert. (Hans-Jürgen Eggerstedt)

Am Westrand des Harzes vorbei führt die als Braunschweigische Südbahn bezeichnete Bahnstrecke von Braunschweig über Salzgitter, Seesen, Bad Gandersheim nach Kreiensen. Auf dieser Linie wurde der Güterverkehr bis zum Beginn des Sommerfahrplans 1976 überwiegend von Dampflokomotiven abgewickelt. Eine gewisse Bedeutung erlangte auch der Kalkabfuhrverkehr zwischen den im Ort Münchehof, einem im südlichen Teil von Seesen gelegenen gleichnamigen Kalkwerken. Am 15. August 1974 bespannte die mit einem Standard-Schlepptender 2´2´T 26 gekuppelte Lokomotive 051 342 des Bw Lehrte einen solchen, aus Kalkkübelwagen bestehenden Ganzzug, dem wir hier in der Nähe des Bahnhof Lutter a. Bbg begegnen.

Rechte Seite: Ebenfalls mit einem Kastentender gekuppelt ist die Güterzuglokomotive 050 098 des Bw Crailsheim, die am 17. Mai 1975 den Nahgüterzug Ng 64565 unter kräftiger Rauchentwicklung über die Steigung von Niederstetten nach Schrozberg befördert. Das total verrostete Autowrack im Vordergrund, ein Opel Olympia, ist der langsamen Verrottung preisgegeben. Dieses lange Dahinsiechen blieb den außer Dienst gestellten Dampfsauriern in der Regel erspart. Auf sie wartete der Schneidbrenner, der die Zerlegung in hochofengerechte Stücke schon in wenigen Tagen bewältigte. Für die 1940 bei Henschel gebaute Maschine schlug die Stunde der Ausmusterung am 15. März 1976.

050 096-3

Die beiden Crailsheimer Lokomotiven 052 888 (mit Kabinentender) und 052 713 (mit Kastentender) bespannten am 16. Juni 1973 den über Jahre hinweg als dampfbespannten „Starzug“ auf dem 110 km/h langen Streckenabschnitt Würzburg – Heilbronn geltenden „Fischzug“, den Schnellgüterzug SG 5321 aus Bremerhaven. Dieser Zug erhielt seinen Namen aufgrund der in den stets zahlreich mitgeführten Kühlwagen beförderten Meeresfracht. Es war übrigens der einzige Zug, der planmäßig in Lauda ohne Halt durchfuhr, während beispielsweise alle Schnellzüge hier hielten. Aufgrund mehrerer, teilweise erheblicher Steigungen auf dem gesamten Bespannungsabschnitt waren für die Beförderung stets zwei Lokomotiven erforderlich. Nicht selten bestand diese auch aus einem aus den Baureihen 50 und 23 gebildeten Doppel. Dieses Foto entstand in der Nähe des heute aufgelassenen, südlich der Ortschaft Königshofen gelegenen Haltepunkts Sachsenflur. (Hans-Jürgen Eggerstedt)

Am Südrand des Harzes, auf der Strecke von Herzberg zum Grenzbahnhof Ellrich in der DDR, befand sich am 30. August 1975 die Lokomotive 051 397 des Bw Lehrte mit dem Dg 45867 auf der 94 ‰ -Steigung zwischen den Bahnhöfen Scharzfeld und Osterhagen auf anstrengender Bergfahrt. Gerade passiert die Lokomotive die Baulichkeiten der bereits vor Jahren aufgelassenen ehemaligen Blockstelle Bartolfelde. Die Zweizylinderlok musste sich schon gehörig ins Zeug legen, um mit ihrem stets gut ausgelasteten Zug die Ausläufer des Harzes zu überwinden. Diese einst so wichtige west-östliche Verbindungsbahn zwischen dem Ruhrgebiet und Mitteldeutschland hatte infolge der willkürlichen Grenzziehung nach Kriegsende viel von ihrer früheren Bedeutung verloren. Zum Ende des Winterfahrplans 1975/76 endete der Dampfbetrieb bei den Bahnbetriebswerken Ottbergen und Lehrte nicht nur auf dieser, sondern auch auf sämtlichen Strecken im Raum Südhannover.

50 0057-5

Linke Seite: Insgesamt wurden 208 der bei der DR verbliebenen Loks der Baureihe 50 rekonstruiert. Diese Maschinen waren in gewisser Weise ideal für die dortigen Einsatzbedingungen. Ab 1966 wurden hier von 72 Maschinen auf Ölhauptfeuerung umgebaut. Um sie von den rostgefeuerten Lokomotiven besser unterscheiden zu können, erhielten sie die Baureihenbezeichnung 50^{50}. Nach Einführung des EDV-Nummernsystems ab 1971 wurde hieraus die Baureihe $50.^{00}$. Die Loks verblieben ausschließlich in den Direktionsbezirken Schwerin und Greifswald, wo sie einen Großteil der Güterzüge von und nach Berlin bespannten. Zum Jahresende 1981 mussten alle wegen der drastisch gestiegenen Ölpreise abgestellt werden. Im Januar 1976 nahm die vor einen Behälterganzzug gespannte 50 0057 am Bahnsteig des Bahnhofs Pasewalk Wasser. (Slg. Paulitz)

Die Eisenbahnstrecken Oberfrankens boten viele abwechslungsreiche Fotomotive. Ein beliebter Standpunkt an der Strecke von Hof nach Bamberg war diese nicht weit vom Bahnhof Falls entfernte kleine Steinbrücke. Dort begegnen wir an einem frühen Nachmittag im Mai 1973 dem kurzen, werktäglich verkehrenden Personenzug P 2828 auf seinem Weg in Richtung Marktschorgast. An der Brückenunterseite des bergwärts führenden Gleises sind die schwarzen Rußablagerungen, als unverkennbares Zeichen einer Dampfstrecke, gut zu erkennen. Das zweite, zu Tal führende Gleis hatte man im Sommer 1970 abgebaut.

Von den weit über 3000 gebauten Einheiten der Lokbaureihe 50 waren lediglich um die 350 Maschinen bei der Reichsbahn der DDR verblieben. Aufgrund des ungeeigneten Kesselbaustahls stieg Mitte der 1950er-Jahre die Schadenshäufigkeit entsprechend. Da die DR auf die Lokomotiven auch langfristig nicht verzichten konnte, entschloss man sich zu ihrer Modernisierung und Rekonstruktion. Ab 1957 kamen Lokomotiven dieser Baureihe in den Genuss eines geschweißten Neubaukessels mit Verbrennungskammer und Mischvorwärmer. Zur besseren Unterscheidung wurden sie unter der Baureihenbezeichnung 50 ^{35} geführt. Die betriebliche Bewährung und höhere Leistung der umgebauten Lokomotiven veranlassten die Reichsbahn, weitere Neubekesselungen vorzunehmen. Hierzu gehörten auch die Loks 50 3556 und 50 3520, die am 3. Mai 1986 mit einem Güterzug im Bahnhof Quedlinburg auf Ausfahrt warteten. Während erstere Maschine – es war die 50 1489 – im März 1959 einen Ersatzkessel im Raw Stendal erhielt, wurde die 50 3520 aus der 50 1339 im April 1958 mithilfe eines neu installierten Kessels zu einem zweiten Leben erweckt. Beide Lokomotiven beendeten gleichzeitig am 16. September 1993 in den Bw Salzwedel und Güsten ihren Dienst durch Ausmusterung. (Slg. Paulitz)

Eine fantastische Stimmung verbreitet die im Bahnhof Aue entstandene Fotografie der 1´E-Güterzuglokomotive 50 1849, die vor ihrem abendlichen Personenzug auf Ausfahrt wartet. Die 1940 von Krauss-Maffei in München gebaute, 1941 an die DRG abgelieferte Lokomotive gehörte zwischen 1971 und 1980 zum Bestand des Bw Reichenbach und wurde von der Einsatzstelle Zwickau betrieben. Der Heizer der noch mit den großen Windleitblechen der Bauart Wagner ausgerüsteten Maschine sorgt, wie der kerzengerade aus dem Kamin emporsteigende schwarze Rauch unschwer erkennen lässt, für „spitzen Druck" im Kessel, während in den Reisezugwagen die Zugheizung an diesem offenbar kalten Abend in Tätigkeit getreten ist. Ihre letzte Fahrt unternahm die Lok am 24. September 1994, am Tag darauf lief die Kesselfrist ab.

Linke Seite: Die rekonstruierte Güterzuglokomotive 50 3648 durchquert mit einem aus Reichsbahn-Umbauwagen gebildeten Personenzug das noch in der alten Bausubstanz erhaltene Stadtgebiet von Aue. Die seit 1858 an das Bahnnetz angeschlossene Stadt wurde zu einem sehr bedeutenden Eisenbahnknotenpunkt an den Bahnstrecken Zwickau – Schwarzenberg und Chemnitz – Aue – Adorf. Dies lag an dem früher umfangreichen Güterverkehr der in dieser Region ansässigen Schwerindustrie und dem von der Firma Wismut betriebenen Uranabbau. Seit 2003 erfolgten umfangreiche Rückbauten mit dem Ergebnis, dass das Bahnhofsgebäude, das bereits seit 1994 als selbstständige Dienststelle aufgelöste frühere Bahnbetriebswerk und die meisten Stellwerke bis zum Jahr 2010 abgerissen wurden. (Slg. Paulitz)

Der E 3104 (Bad Harzburg – Goslar) war einer der letzten dampfbespannten Reisezüge der DB. Am 23. Juli 1975 hat die 052 757 des Bw Lehrte mit ihrer aus sechs Reisezugwagen gebildeten Garnitur Ausfahrt aus dem Kopfbahnhof erhalten und passiert gerade die mittlerweile unter Denkmalschutz stehende, mit sechs Formsignalen ausgerüstete und heute in dieser Form in Deutschland einzigartige Signalbrücke. Rechts verdeckt befindet sich das mechanische Stellwerk Hf, das seit dem Jahr 1906 seine Funktion erfüllt. Am 31. Mai 1976 fuhr dieser Zug letztmalig mit Dampfbespannung. Gleichzeitig war dies der letzte Eilzug der Deutschen Bundesbahn, der planmäßig von einer Dampflok befördert wurde. Im Hintergrund erheben sich die Höhen des Harzes.

Die im Verlauf der Bahnstrecke Leipzig – Hof im Jahr 1851 fertiggestellte Göltzschtalbrücke gilt als das Wahrzeichen des Vogtlandes und überspannt das Tal der Göltzsch zwischen den Orten Mylau und Netzschkau. Mit einer Gesamtlänge von 574 m und 78 m Höhe ist sie nicht nur die größte Ziegelsteinbrücke der Welt, sondern auch das erste derartige Bauwerk, das auf statischen Berechnungen basierte. Die in dieser Region großen Lehmvorkommen gaben den Ausschlag für die relativ günstig finanzierbare Ziegelbauweise. Die Göltzschtalbrücke war zu jener Zeit eine außergewöhnliche Großbaustelle. Für den Bau wurden genau 26.021.000 Ziegel und 17.089 m^3 Sand verbraucht. Die Ziegel wurden in 20 entlang der Bahnstrecke errichteten Ziegeleien gebrannt. Insgesamt ergab sich für das Bauwerk ein Gesamtvolumen von 125.676 m^3. In der Abenddämmerung zur „Blauen Stunde" überquert unter kräftiger Qualmentwicklung die als Schattenriss sichtbare Lok 50 3616 mit einem Güterzug das gewaltige Bauwerk. (Slg. Paulitz)

BK Bornhofen

52 140

Ermuntert durch den bei den Probelokomotiven der Baureihe 42 ^{90} ermittelten geringeren Kohleverbrauch, gab die DB im Jahr 1953 – trotz der bekannten Schwächen des durch Korrosionsschäden an den Rauchgasvorwärmeranlagen auftretenden erhöhten Wartungs- und Reparaturaufwandes – erneut weitere Franco-Crosti-Lokomotiven in Auftrag. 1954 entstand zunächst eine Lokomotive, bei der sich im Betriebsdienst ein um bis zu 22 % verminderter Brennstoffverbrauch ergab. Zwischen 1958 und 1959 wurden weitere 30, im Detail verbesserte Loks im AW Schwerte zu der ab 1958 als 50 ^{40} bezeichneten Baureihe umgerüstet. Die Lokomotive 50 4011 erhielt eine Ölhauptfeuerung. Im Gegensatz zu den beiden Loks der Reihe 42 ^{90} waren diese Maschinen nur mit einem Vorwärmerkessel und somit nur einem seitlichen Schornstein ausgerüstet. Da durch die geänderte Schornsteinposition auch Kohlenstaub vom Schlepptender aufgewirbelt wurde, erhielten die Einheitstender 2´2´T 26 zwei Klappen über dem Kohlekasten. Diese sollten während der Fahrt zwar stets geschlossen bleiben, um das Personal vor Kohlenstaub und zurückströmenden Rauchgasen zu schützen. In der Praxis geschah dies aber eher selten, weil der Schließmechanismus nicht nur beim Bekohlen beschädigt wurde, sondern auch weil der Kohlevorrat oft über die Oberkante des Tenders hinausging. Wegen stark korrodierender Rauchrohre mussten schon 1961 sämtliche Maschinen außer Betrieb genommen werden. Sie erhielten teilweise solche aus korrosionsbeständigem Chromstahl, was den Kostenvorteil wieder aufzehrte. Als letztes Exemplar dieser Baureihe schied die 50 4025 am 24. Juni 1967 in Kirchweyhe aus dem Betriebsdienst. Auf diesem Bild passiert die Lok 50 4023 am 8. September 1960 die an der rechten Rheinstrecke gelegene Blockstelle Bornhofen. Der rechts im Bild sichtbare weiße Pkw ist ein Ford Anglia 105 E der Bauserie 1960. (Hans Schmidt/Slg. Brinker)

Links unten: Die Kriegslok 52 140 ist am 23. März 1960 mit einem Güterzug bei Koblenz-Moselbrücke unterwegs. Diese Lok beendete ihre Dienstzeit im Oktober 1962 im Bw Löhne. (Hans Schmidt/Slg. Brinker)

Die Baureihe 50 ^{40} wurde auch vor Personenzügen eingesetzt. Auf dieser Seite oben sehen wir die 50 4023 am 22. April 1964 vor einer solchen Leistung im Bahnhof Bingerbrück. (Hans Schmidt/Slg. Brinker)

Die als „Kriegslokomotive" bezeichnete Baureihe 52 entstand im Jahre 1942 als vereinfachte Bauausführung der Baureihe 50. Sie entstand aus dem Zwang heraus, eine möglichst große Zahl einigermaßen funktionstüchtiger Lokomotiven für einen begrenzten Einsatzzeitraum für die zahllosen Nachschub- und Truppentransporte zu schaffen. Die Vorgabe war eine Maschine, die bei 15 t Achslast einen Zug von 1200 t in der Ebene mit 65 km/h befördern konnte. Dabei sollte sie robust und besonders wartungsarm sein. Eine Lebensdauer von zehn Jahren wurde als völlig ausreichend erachtet. Dank ihrer Einfachheit war es in der Praxis so, dass sehr viele Maschinen bedeutend länger als vorgesehen im Einsatz blieben. Dies war vor allem in den Ostblockländern oder in der Türkei der Fall, wo manche Lokomotiven noch bis in die jüngste Zeit eingesetzt wurden. Bei ihrem Bau wurde auf alle entbehrlichen Teile und Anbauten verzichtet und die Konstruktion auf die einfachsten Fertigungsmöglichkeiten zugeschnitten. Buntmetalle und andere Mangelrohstoffe wurden weitestgehend durch Stahl ersetzt. In Anbetracht der zu erwartenden Wintereinsätze war das Führerhaus doppelwandig ausgeführt und nach hinten geschlossen. Einschließlich einiger Nachbauten, Nachkriegslieferungen und exportierter Fahrzeuge, entstanden von dieser Baureihe rund 6.700 Stück, womit sie auch im internationalen Vergleich zu den meistgebauten Lokomotiven zählt. Während bei der DB diese Baureihe schon relativ früh bis zum Jahr 1962 ausschied, konnte die Reichsbahn auf die dort vorhandenen rund 1150 Lokomotiven auch auf längere Sicht noch nicht verzichten. Im Rahmen eines Rekonstruktionsprogramms wurden sogar 200 Maschinen mit neuen Kesseln und teilweise verbrauchsparenden Giesl-Flachejektoren – wie die abgebildete 52 8126, die diesen 1968 erhielt – ausgerüstet. Hier ist die beim Bw Brandenburg stationierte Maschine am 27. Juni 1977 im Süden Berlins mit einem Leerzug bei tiefstehender Abendsonne unterwegs.

Oben: Noch weitestgehend im Originalzustand befand sich die am 26. August 1978 mit einem gemischten Güterzug nach Berlin in dem eher ländlich geprägten Umfeld zwischen Berlin-Schöneweide und dem Grünauer Kreuz unterwegs befindliche 52 5233. Die 1943 gebaute Maschine musste am 7. August 1979 beim Bw Wustermark Abschied von der Schiene nehmen.

Links: Auch an der hier an dem kalten Wintertag des 8. Februar 1978 mit einem Güterzug nördlich des Blankenburger Kreuzes auf der Fahrt in Richtung Oranienburg befindlichen Kriegslokomotive 52 6701, wurde seit ihrer Erstellung nur wenig geändert. Diese Änderungen beschränkten sich hauptsächlich auf den Ersatz mancher Bauteile durch friedensmäßige Rohstoffe. Die Lokomotive war zum Zeitpunkt der Aufnahme im Bw Schöneweide beheimatet und wurde am 13. Oktober 1980 beim Bw Wustermark abgestellt.

Die 52 8048 verlässt am 22. Mai 1979 den Bahnhof Berlin-Schöneweide und überquert dabei den Sterndamm, dessen Name – da unpolitischer Natur – auch nach der „Wende“ keine Änderung erfahren hat. Der desolate Zustand der Straßenbahngleise war in diesem Land, in dem die Decke – ohne Verschulden der schwer arbeitenden Bevölkerung – an allen Enden zu kurz war, allgemein üblich. Rechts im Vordergrund ist ein IFA W 50 LA/A-Pritschen-Lkw der Nationalen Volksarmee (NVA) unterwegs. Die im Jahr 1943 gebaute und 1962 rekonstruierte Lokomotive wurde 1992 verschrottet.

Links: An einem kalten Februartag des Jahres 1978 befand sich die 52 8178 des Bw Brandenburg mit einem Kohlenganzzug bei Altglienicke auf der Fahrt nach Berlin. 1944 wurde diese Lok als 52 4996 von der Firma MBA, Berlin (ehemals Orenstein & Koppel) an die DRG geliefert und 1966 rekonstruiert.

Rechte Seite: Am 11. April 1978 näherte sich die 52 8177 bei neblig-trübem Wetter mit einem Güterzug unter Volldampf dem Bahnhof Berlin-Schöneweide. In diesem Bw war die Maschine auch stationiert. Links im Hintergrund ist der markante, über 100 Jahre alte Wasserturm dieser Dienststelle zu erkennen, der zwischenzeitlich zugunsten einer anderweitigen Flächennutzung der Abrissbirne zum Opfer gefallen ist. Das im Süden Berlins gelegene Bahnbetriebswerk war ein reines Güterzug-Bw mit angeschlossenem großem Verschiebebahnhof. In dem 1906 eröffneten Bw wurden bis zum Jahr 1998 Lokomotiven unterhalten. Da die Dieseltraktion erst relativ spät Einzug erhielt, waren dies bis weit in die 1960er-Jahre ausschließlich Dampflokomotiven, die auch noch in den 1980er-Jahren präsent blieben.

52 8177-9

54 1615
54 1669

55 2776
DB
55 2776
66 002

Der große Rechteckschuppen des Bw Hohenbudberg bildete im Juli 1968 die Kulisse für die Lokomotiven 50 1424, 55 3567 und 55 3978. Heute ist von dieser Herrlichkeit nichts mehr übrig geblieben. Nicht nur die Dampfloks sind schon lange verschwunden, auch die Flächen des Bw-Geländes und des großen Rangierbahnhofs wurden zu einer neuen Nutzung umstrukturiert.

Links oben: Im Jahr 1919, nach einer Beschaffungspause von fast zehn Jahren, entstand bei den Bayerischen Staatseisenbahnen wieder eine leichte, 1´C-gekuppelte Güterzuglokomotive. Es war die Gattung G 3/4 H und spätere DRG-Baureihe 54^{15-17}. Die mit einem Zweizylinder-Heißdampftriebwerk ausgeführte, bis 1923 in 225 Einheiten beschaffte Maschine konnte ob ihrer Höchstgeschwindigkeit von 65 km/h nicht nur vor Güterzügen, sondern auch im Personenzugdienst verwendet werden. Es war eine sehr zuverlässige und sparsame, vornehmlich im bayerischen Raum eingesetzte Lokomotive, deren letztes Exemplar bis zum März 1966 im Bw Nürnberg seinen Dienst versah. Hier sind die Loks 54 1669, 54 1615 und 54 1649 auf den Freiständen des Bw Regensburg zur Parade aufgefahren. Bereits 1961 und 1962 mussten diese Lokomotiven Abschied von der Schiene nehmen. (Slg. Brinker)

Links unten: Als letzte Entwicklungsstufe eines Vierkupplers beschafften die Preußischen Staatseisenbahnen zwischen 1913 und 1921 insgesamt 4.958 Güterzuglokomotiven der Gattung $G\ 8^{1}$ und der DRG-Baureihe 55^{25}. Hinzu kamen Lieferungen an andere Bahnen und ins Ausland. Damit gehört diese Zweizylinder-Heißdampflok weltweit zu den meistgebauten Dampflokomotiven. Mehr als 1800 Loks gingen nach dem Ersten Weltkrieg als Reparationsabgaben an die Siegermächte. Nach 1945 waren bei der DB noch rund 770, bei der DR 230 Loks vorhanden, deren letzte erst in den frühen 1970er-Jahren ausgesondert wurden. Hier zu sehen ist die am 18. Februar 1966 im Bw Gießen fotografierte 55 2776, die nur noch ein Jahr auf DB-Gleisen unterwegs sein durfte. (Edgar Fischer/Archiv GM)

Oben: Zwecks eines universelleren Einsatzes wurden viele der noch zahlreich vorhandenen Loks der Baureihe 55^{25} ab 1934 mit einer vorderen Laufachse versehen und damit zur immerhin 70 km/h schnellen Reihe 56^{2}. Am 23. Juli 1949 ist eine solche Lok bei Rheindiebach unterwegs. (Slg. Brinker)

Aufgrund der beständig gestiegenen Zuglasten reichte die Leistung der an sich sehr kräftigen vierfach gekuppelten Güterzuglokomotive der preußischen Gattung G 8 [1] schon bald nicht mehr aus. Ab 1910 wurde eine fünffach gekuppelte, als G 10 bezeichnete Type beschafft. Es war eine einfache und robuste Heißdampfmaschine, die ähnlich der G 8 [1] ebenfalls mit einem Zweizylinder-Triebwerk mit einfacher Dampfdehnung funktionierte. Viele Baugruppen, so auch der Kessel, entsprachen weitgehend anderen Konstruktionen der Preußischen Staatseisenbahnen und waren daher untereinander austauschbar. Aufgrund ihrer geringen Achslast von 15 t konnten die Lokomotiven auch auf Nebenstrecken mit leichterem Oberbau verwendet werden. In der Zeit von 1910 bis 1931 wurden einschließlich der Exportlieferung knapp 3000 Lokomotiven von acht verschiedenen Herstellern ausgeliefert. Der Zweite Weltkrieg verteilte die vor allem an der Ostfront eingesetzte Lokomotive über fast ganz Europa. 1950 standen der DB noch 730 Fahrzeuge zur Verfügung, während bei der Deutschen Reichsbahn der DDR noch 112 Stück vorhanden waren. Am 1. Oktober 1970 erfolgte die Ausmusterung der 57 2070, der letzten DB-Maschine, die hier 1969 vor einem Sonderzug zu sehen ist. Die DR strich 1972 die letzten Loks aus den Bestandslisten.

Noch zu Beginn des Ersten Weltkrieges betrieben die deutschen Länderbahnverwaltungen überwiegend isoliert voneinander eigene, auf Verkehrsanforderungen und Topografie ausgerichtete Lokomotiventwicklungen. Die entstandene große Typenvielfalt führte zu Schwierigkeiten bei Personaleinsatz, Ersatzteilbevorratung und Wartung. Unter dem erhöhten Druck der Kriegswirtschaft kam es 1916 zu einer Einigung zwischen den wichtigsten Länderbahnverwaltungen, eine einheitliche Güterzuglok zu bauen. Die hieraus entstandene Gattung G 12 entstand zwischen 1917 und 1921 in 1371 Einheiten. Es war sozusagen die erste deutsche Einheitslokomotive, die mit der Achsfolge 1´E, einem Drillingstriebwerk und 1400 mm Treib- und Kuppelraddurchmesser ausgestattet war. Fast alle Maschinen wurden von der DRG übernommen und als Baureihe 58 $^{10-21}$ eingereiht. Nach Ende des Zweiten Weltkrieges waren bei der DB noch 152 Lokomotiven registriert, die man bereits bis 1953 – da genügend neuere Loks der Baureihen 44 und 50 vorhanden waren –ausmusterte. Ganz anders verhielt es sich bei der DR, bei der mit rund 630 Loks ein ungleich größerer Teil verblieben war. Aufgrund des großen Lokmangels war diese Baureihe noch über viele Jahre unverzichtbar. Die letzten Maschinen wurden erst 1977 beim Bw Aue abgestellt. Dieses im Juni 1968 entstandene Foto zeigt die beim Bw Gotha stationierte 58 1639 vor einem mit sowjetischen Kampfpanzern des Typs T 62 beladenen Militärzug auf der Strecke Gotha – Erfurt in der Nähe von Wandersleben. Dass zu dieser überaus risikoreichen, zumal in völlig deckungslosem Gelände geschossenen Aufnahme sehr viel Wagemut gehörte, braucht hier nicht ausdrücklich betont zu werden. (Alfred Luft)

Die Lokomotive 58 1111 vor einem langen Güterzug im Bahnhof Oberhof/Thüringen. Die Maschine ist eine der seltenen badischen G 12, die im Jahr 1921 bei der Maschinenbau-Gesellschaft Karlsruhe unter der Fabrik-Nr. 2153 und späteren Reichsbahn-Betriebsnummer 58 311 in Dienst gestellt wurden. Bis 1942 stand die Lokomotive überwiegend beim Bw Karlsruhe Rbf im Dienst, kam dann aber, mit einem zusätzlichen Frostschutz versehen, nach Oberschlesien. Die Kriegswirren verschlugen die Lokomotive auf das Gebiet der späteren Reichsbahn der DDR, wo sie 1946 vom Bw Senftenberg wieder in Betrieb genommen wurde. Nach verschiedenen Umsetzungen befand sich die mittlerweile in 58 1111 umgezeichnete Maschine bis zu ihrer Ausmusterung am 19. März 1977 beim Bw Aue. Noch im gleichen Jahr wurde sie zwecks Devisenaufbesserung in den Westen verkauft. Seit Mitte 2006 ist die nun wieder als 58 311 bezeichnete, hauptuntersuchte Maschine erneut betriebsbereit.

Rechts oben: Die 58 311 gehörte zwischen 1960 und 1973 zu den Stammloks des Bw Karl-Marx-Stadt/Hilbersdorf. Die Maschine wurde anschließend zum Bw Aue umgesetzt und beförderte Güter- und Personenzüge in dieser Region. Hier sehen wir die bereits auf 58 1111-2 umgezeichnete Dreizylinderlokomotive mit einem Personenzug auf der Fahrt in Richtung Wiesenburg im reizvollen Tal der Zwickauer Mulde. (Slg. Paulitz)

Rechts unten: Im Zuge der Modernisierung des DR-Lokomotivbestandes wurde auch die Baureihe 58 $^{10-21}$ in das Rekonstruktionsprogramm aufgenommen. Zwischen 1956 und 1962 entstanden 56 als Baureihe 58 ^{30} geführte Maschinen. Es waren leistungsstarke Lokomotiven, die die Lücke zwischen den Baureihen 50/52 und 43/44 ausfüllten. Ihr Einsatzraum erstreckte sich hauptsächlich in der Region Sachsens und Thüringens. Im Februar 1981 wurden die letzten Loks im Bw Glauchau außer Dienst gestellt.

58 3018

Auch die nicht umgebauten 1 E-gekuppelten Güterzuglokomotiven der Baureihe 58 $^{10-21}$ waren weiterhin im Mittelgebirgsraum Thüringens und Sachsens präsent. Unter einer herrlichen weißen Dampfwolke zieht die seit Einführung des EDV-gesteuerten Nummernsystems als 58 1111-2 bezeichnete Lokomotive einen aus OM-Wagen gebildeten Leerwagenzug durch die winterlich-verschneite thüringische Landschaft. (Slg. Paulitz)

065 001-0
Unf.Ni. 4. 10.65

DIE KURZEN

Tenderlokomotiven meist abseits großer Linien

Eine Dampflokomotive muss für den Betrieb die notwendigen Vorräte an Brennstoff und Wasser mitführen. Dafür wurde meist ein mit der Lokomotive kurzgekuppelter Vorratswagen, der Schlepptender, benutzt. Der Wasserverbrauch einer Dampflok beträgt etwa das Siebenfache des Kohleverbrauchs. Das Fassungsvermögen der Tender steht aber nicht in diesem Verhältnis, vielmehr ist der Wasservorrat durchweg kleiner, denn Wasser lässt sich im Gegensatz zur Kohle auch während eines kurzen Aufenthalts aus einem Wasserkran problemlos ergänzen. An den Endbahnhöfen war ein Wenden der Lokomotiven meist unumgänglich, denn das Rückwärtsfahren brachte zahlreiche Nachteile, nicht zuletzt der geringeren Geschwindigkeit, mit sich. Abgesehen von dem erhöhten Zeitbedarf bedurfte es zum Wenden entweder platzintensiver Gleisdreiecke oder teurer Drehscheiben. Um diesen Nachteil zu umgehen, entstand speziell für kurze Entfernungen die Bauart der Tenderlokomotive, auf der die Vorräte – allerdings in einem wesentlich geringeren Umfang – selbst untergebracht wurden. Solche Lokomotiven, die zudem den großen Vorteil besaßen, vorwärts und rückwärts mit gleich guten Laufeigenschaften und Geschwindigkeit fahren konnten, entstanden für den Nahverkehr, um die Lokomotive nicht in kurzen Zeitabständen drehen zu müssen und nicht unnötig Energie für den Transport der Vorräte zu verbrauchen, für Gebirgsstrecken, um das Tendergewicht zu sparen, sowie für den Verschub- und Rangierdienst, um die Streckensicht bei Rückwärtsfahrt zu verbessern.

Anfangs wurde diese Bauart in Deutschland nur wenig verwendet. Erst mit dem Bau der Nebenbahnen in den 1880er-Jahren stieg ihre Bedeutung. Schließlich sollte ihr Anteil am gesamten Lokomotivbestand rund ein Drittel betragen. Die Wasserkästen waren meist seitlich vom Kessel, im Rahmen, aber auch an anderen Stellen, angeordnet. Ein Nachteil bestand darin, dass sich das Reibungsgewicht der Lokomotive mit Abnahme des Wasservorrats verminderte. Aus diesem Grunde wurde versucht, einen möglichst großen Anteil der Vorräte auf den hinteren Bereich der Lokomotive zu verlagern, dessen Entlastung auf die Zugkraft einen geringeren Einfluss hatte. Daher waren hinter den Kuppelrädern angeordnete Drehgestelle (also Achsfolgen wie 1´C 2` oder 1´D 2´) bei Tenderlokomotiven recht häufig. Die Kohlevorräte befanden sich bei kleinen Lokomotiven entweder in einem Kasten auf der Heizerseite vor dem Führerhaus oder, wie im Regelfall, in einem großen angebauten Behälter hinter dem Führerstand.

Nach ihrem hauptsächlichen Verwendungszweck unterschied man zwischen Personen- und Güterzugtenderlokomotiven sowie Lokomotiven für den Rangierdienst. Zur Gattung der Tenderlokomotiven zählten auch die Maschinen mit einem Mallet-Triebwerk. Die Entwicklung begann mit zweiachsigen Maschinen, von denen unzählige Varianten bei Privat- und Länderbahnen Dienst verrichteten. 1882 entstand der Typ T 3 als die erste dreiachsige Tenderlok, die innerhalb von 24 Jahren in weit über 1500 Einheiten gebaut wurde. Für den Betrieb auf Mittelgebirgsstrecken waren natürlich größere Maschinen erforderlich.

Die Frontalansicht der Personenzugtenderlokomotive 065 001 vor einem Sonderzug am 29. September 1968 in Frankfurt/M Hbf. (Hans-Jürgen Eggerstedt)

Die Güterzugtenderloks der Baureihe 86 waren jahrzehntelang im Bw Nürnberg Rbf heimisch. Hier sehen wir 086 457 und 086 217 im Mai 1969 aus dem Lokschuppen dieses Bw hervorschauen.

Personen- und Güterzugtenderlokomotiven

Zu den wichtigsten und meistgebauten Vertreter der Personenzugtenderloks zählten die preußischen Gattungen T 11 und T 12 (DRG-Baureihe 74), die bis Ende der 1920er-Jahre den größten Teil des Berliner S-Bahnnetzes bedienten, sowie die später als Baureihe 78 bezeichnete Gattung T 18, von der bis 1923 510 Fahrzeuge gebaut wurden. Zu den Einheitslokomotiven der DRG gehörte die 1´C 1´- Baureihe 64, eine in 520 Stück gebaute, weitgehend mit der Schlepptenderlok der Reihe 24 identische, für den Nebenbahnbetrieb entworfene Personenzuglok. Von der gleichzeitig entwickelten Hauptbahnmaschine der 2 ´C 2´-Baureihe 62 wurden indes nur 15 Stück gebaut. Nach dem Krieg ergänzten bei beiden Bahnverwaltungen schwere 1´ D 2 ´-Tendermaschinen, die in Form der BR 65 (DB) und 65^{10} (DR) in 18 bzw. 88 Exemplaren entstanden, die Lokomotivbestände, ohne die bisherigen Typen zu ersetzen. Während die Baureihen 78 und 65 bereits Anfang der 1970er-Jahren von den Schienen verschwanden, wurden die letzten Exemplare der DR-Baureihe 65^{10} erst 1982 ausgesondert.

62 015

64 386

Links oben: Von der erstmalig 1928 an die DRG gelieferten Personenzugtenderlok der Baureihe 62 wurden nur 15 Stück gebaut. Sie sollten hauptsächlich vor Personen- und Eilzügen auf Flachlandstrecken mit Kopfbahnhöfen ohne Wendemöglichkeit eingesetzt werden. Es war eine für 100 km/h zugelassene 2´C 2´-Lokomotive mit Zweizylindertriebwerk und 1750 mm Treib- und Kuppelraddurchmesser. Nach Kriegsende gelangten sieben Loks zur DB, der Rest ging zur Deutschen Reichsbahn. Die Lok 62 015 blieb als Einzige erhalten.

Links unten: Nach dem Ersten Weltkrieg entsprachen viele Nebenbahnloks weder leistungsmäßig noch vom Alter her den aktuell gestellten Anforderungen. Im Typisierungsplan der neu gegründeten DRG war daher auch eine Tenderlok mit 15 t Achsdruck enthalten. Ab 1928 wurde die Baureihe 64 in Betrieb genommen. Bis 1940 entstanden hiervon 520 Stück. Es waren sehr zuverlässige 1´C 1´-Zwillingsmaschinen mit 90 km/h Höchstgeschwindigkeit. Zur DB gelangten 275, zur DR 129 Maschinen, die bis Oktober 1975 abgestellt wurden. Dieses 1965 entstandene Bild zeigt die Lok 64 386 in Heidenheim. (Slg. Brinker)

In den frühen 1970er-Jahren waren einige 64er-Loks des Bw Aschaffenburg auf der Strecke von Aschaffenburg nach Miltenberg vor Personenzügen aktiv. Die 64 445 befährt mit dem aus sechs Umbau-Dreiachsern bestehenden P 3818 am 5. Mai 1967 die Mainbrücke bei Wörth. (Edgar Fischer/Archiv GM)

Auch für den Güterzugdienst gab es eine ganze Reihe tüchtiger Tenderlokomotiven. Hier wären vor allem die Baureihen 86, eine 1´ D 1´-Tenderlok, die ab 1928 in insgesamt 774 Exemplaren beschafft wurde, und die E-gekuppelte preußische Gattung T 16 [1] (DRG-Baureihe 94 [5]), die zwischen 1914 und 1924 in 1236 Einheiten entstand, zu nennen. Darüber hinaus wurden ab 1922 45 schwere preußische 1´ E 1´ -Lokomotiven der Gattung T 20 (DRG-Baureihe 95) beschafft. Sie waren ausschließlich für das Bergland konzipiert und lösten so manche Zahnradlokomotive ab. Auch als Schiebelok auf Rampenstrecken waren diese großen Maschinen unentbehrlich. Bei der DR waren die teilweise auf Ölhauptfeuerung umgerüsteten Maschinen zum Schluss beim Bw Probstzella stationiert, wurden aber 1981 infolge der Ölkrise aus dem Betrieb gezogen.

065 018-4

Auch die Deutsche Reichsbahn schuf nach dem Kriege mit der Reihe 65^{10} eine neue Tenderlokomotive für den Berufsverkehr. Mit dem DB-Pendant hatte diese von 1954 bis 1957 in 88 Einheiten entstandene Lokomotive eigentlich nur die Achsfolge 1´ D 2´ gemeinsam. Die beiden Achsen des hinteren Drehgestells waren in einem Außenrahmen gelagert. Wesentlich größer als bei der DB-Lok waren Wasser- und besonders der Kohlevorrat, was eine größere Reichweite ergab. Die neuen Loks bewährten sich ausgezeichnet, wurden aber bis 1982 ausgemustert. Abgebildet ist die 65 1071 im April 1972 vor einem Personenzug im Bahnhof Güsten. (Slg. Brinker)

Linke Seite oben: Die DB-Neubaulok der Baureihe 65 war dazu ausersehen, als Personenzugtenderlok im schweren Vorort- und Berufsverkehr großer Städte eingesetzt zu werden. Hierfür war eine gute Beschleunigung erforderlich, die durch den relativ kleinen Treibraddurchmesser von 1500 mm auch erreicht wurde. Das Bild zeigt die Lok 065 018 als letztgebaute Maschine dieser Reihe vor dem P 3531 im Bahnhof Erbach am 24. Mai 1971. (Hans-Jürgen Eggerstedt)

Linke Seite unten: Am 31. Juli 1971 war die Lok 065 001 des Bw Aschaffenburg mit dem P 3310 bei Kleinheubach unterwegs. Die zwischen 1951 und 1956 gebauten 18 Loks hatten einen geschweißten Hochleitungskessel mit Verbrennungskammer. Sie verfügten über ein ausgezeichnetes Beschleunigungsvermögen, und einige erhielten Steuereinrichtungen für Wendezugbetrieb. Bereits 1968 begann die Ausmusterung der ersten Lokomotiven, die bis April 1973 beendet war. (Hans-Jürgen Eggerstedt)

Oben: Die seit 1895 beschafften preußischen Personenzugtenderloks der Gattung T 5 reichten als Zweikuppler für den stark expandierenden Vorortverkehr Berlins und für den Frankfurter Raum schon bald nicht mehr aus. Seit 1902 beschafften die Preußischen Staatseisenbahnen die Gattung T 12 als dreifach gekuppelte Tenderlok, von der allein 547 Maschinen im Raum Berlin zu finden waren. Am Ende des Krieges war der einstige Bestand von 1014 Stück auf weniger als die Hälfte geschrumpft. 1964 gehörte diese Baureihe bereits zu den Besonderheiten auf DB-Gleisen. Das Bild der 74 1311 entstand zwischen Bingen und Mainz bei Ingelheim. (E. Fischer/Archiv GM)

Die Lokomotiven der Baureihe 65 [10] gehörten zu den vier Regelspurlokbaureihen des Neubauprogramms der DDR-Reichsbahn, die nach Kriegsende realisiert wurden. Im Januar 1955 erfolgte die Erprobung der ersten Baumusterlokomotive 65 1001 durch die Lokomotiv-Versuchsanstalt Halle. Die Maschine bestach zwar durch ihr ausgezeichnetes Beschleunigungsvermögen, enttäuschte aber hinsichtlich Brennstoffverbrauch und Dampfentwicklung. Als Ursache wurde eine zu knapp bemessene Saugzuganlage festgestellt. Nach Abstellung dieser Mängel sowie solcher im Bereich des Heißdampfreglers bewährten sich die Tenderloks im Betriebsdienst recht gut, sodass sie uneingeschränkt für den Personen- und Güterverkehr auf Hauptbahnen, insbesondere aber für die schweren Züge des Berufsverkehrs in den industriellen Ballungszentren verwendet werden konnten. Mehr als 20 Dienstjahre gab es nur wenig Grund zur Klage, bis sich ihr Bestand zu lichten begann. Zu den letzten Heimatdienststellen dieser Baureihe zählte das Bw Arnstadt. Die Lokomotive 65 1061 wurde im Juni 1968 mit einem Personenzug bei der Ausfahrt aus dem Bahnhof Marlishausen (Strecke Arnstadt – Saalfeld) angetroffen. (Alfred Luft)

Rechts oben: Die Baureihe 65 [10] war eine sehr leistungs- und spurtstarke Maschine mit der Achsfolge 1´D 2´, die mit einer Höchstgeschwindigkeit von 90 km/h für den schweren Berufs- und Vorortverkehr wie geschaffen war. Die Serienfertigung erfolgte im Lokomotivbau Karl Marx, Babelsberg. Über die 88 an die DR gelieferten Einheiten hinaus beschaffte der VEB Leuna-Werke „Walter Ulbricht" von dieser insgesamt sehr gelungenen Konstruktion sieben Exemplare für die Werksbahnen. Ein geschweißter Hochleistungskessel, Mischvorwärmer und große Betriebsvorräte waren die besonderen Merkmale dieser Lokomotiven, mit denen der Betriebsdienst sehr zufrieden war. 1982 wurden die letzten Maschinen ausgemustert, jedoch blieben einige Fahrzeuge als Heizloks im stationären Einsatz erhalten. Hier sehen wir Lok 65 1049 mit dem aus Umbau-Vierachsern gebildeten P 7108 bei Neunhofen, einem Ortsteil von Neustadt a. d. Orla in Thüringen. Im Hintergrund ist der prächtige Turm der Kirche Simon und Judas zu erkennen.

Rechts unten: Die Lokomotiven der Baureihe 65 [10], die als Ersatz für gleich mehrere Jahre ältere Lokbaureihen beschafft worden waren, wurden besonders häufig im thüringisch-sächsischen Raum eingesetzt. Zu den langjährigen Standorten gehörten beispielsweise die Bw Halle P, Leipzig, Arnstadt, Altenbach, Dresden-Altstadt, Reichenbach, Probstzella und Saalfeld. Drei Maschinen sind bis heute erhalten geblieben, darunter auch die Lok 65 1049, die auf dieser Abbildung mit einem kurzen Personenzug in der Nähe von Lobenstein/Thüringen einen Viadukt überquert.

66 002

DB
66 002

Links oben: Die nur in zwei Exemplaren gebaute Personenzugtenderlok der Baureihe 66 war als Neubaulok für die Beförderung leichter Personenzüge und für den Eilgüterzugdienst auf Haupt- und Nebenstrecken vorgesehen. Es war eine sehr gelungene, leistungsstarke Universalmaschine, die ursprünglich gleich mehrere ältere, überwiegend noch aus der Länderbahnzeit stammende Baureihen ablösen sollte. Der unerwartet schnelle Wandel in der Zugförderung verhinderte dieses Vorhaben, sodass es bei den beiden Mustermaschinen blieb. Während die 66 001 wegen eines kapitalen Triebwerksschadens bereits im Oktober 1966 abgestellt und später verschrottet wurde, ging ihre Baureihenschwester im März 1968 aufs Altenteil. Hier ist sie am 9. August 1966 vor der sehenswerten Garnitur des P 1743 bei Marburg/Lahn zu sehen. (Slg. Brinker)

Links unten: Lok 66 002 entging dem Schneidbrenner und blieb für die Nachwelt erhalten. Hier zu sehen am 18. August 1972 in Erndtebrück. (Hans-Jürgen Eggerstedt)

Die Baureihe 74 (preußische Gattung T 12) war nahezu in allen DRG-Direktionsbezirken vertreten. Die nach dem Krieg beim Bw Euskirchen beheimateten Lokomotiven wurden auch auf der als Oleftalbahn bezeichneten Stichstrecke Kall – Hellenthal eingesetzt. Gerade diese an der deutschen Westgrenze liegende Strecke war durch Kriegseinwirkung sehr in Mitleidenschaft gezogen worden. Bahnhöfe, Brücken und Signalanlagen waren so stark beschädigt, dass die Reparaturarbeit erst 1948 beendet und die Strecke für den Verkehr freigegeben werden konnte. Diese 18 Kilometer lange Bahn hatte bis weit in die 1960er-Jahre für die Region eine große Bedeutung. Aber auch diese Linie wurde eines der zahllosen Opfer der Straßenkonkurrenz. 1981 musste der immer unrentablere Personenverkehr eingestellt werden. Im Dezember 1950 allerdings, als dieses Bild der 74 634 entstand, konnte noch niemand die Entwicklung erahnen. In Schrittgeschwindigkeit passieren Lok und Zug die engen Straßen des Ortes Olef, wobei die Zugbegleiter die Überwege zu sichern hatten. Der brandneue Büssing 8000 gehörte zu den markantesten Schwerlastwagen der beginnenden Wirtschaftswunderjahre. Ebenso wie die Lokomotive ist auch er schon lange den Weg alten Eisens gegangen. (CB)

Die Heißdampf-Tenderlokomotive der preußischen Gattung T 12 und späteren DRG-Baureihe 74 war das Symbol für den Stadtbahndienst in Berlin schlechthin. Sie war das Rückgrat des Nahverkehrs der Millionenmetropole, und erst die Umstellung auf Triebwagen ließ den Stern der alles in allem in 1014 Einheiten gebauten Lokomotive sinken. Sie zog sich zunächst in den Vorortverkehr, später in den Rangierdienst und Nebenbahnbetrieb zurück. Seither waren die Maschinen nahezu über das ganze Land verstreut. Lokomotive 74 970, die am 26. Mai 1960 mit einem aus Abteilwagen gebildeten Personenzug im Bahnhof Bingerbrück zu sehen ist, gehörte damals zum Bestand des Bw Koblenz-Mosel. Dort beendete sie auch am 1. Februar 1963 ihr Einsatzleben. (Edgar Fischer/Archiv GM)

Von 1911 bis 1921 beschaffte die Sächsische Staatsbahn die von der DRG als Reihe 75 ^{5} geführte Lokgattung XIV HT in 106 Exemplaren. 1969 verschwanden die letzten Fahrzeuge aus dem DR-Betriebsdienst. Das Bild zeigt die 75 550, aufgenommen 1967 im Bw Falkenstein. (Georg Otte/Slg. Brinker)

Den Abschluss der Entwicklung von Tenderlokomotiven für den Personenzugverkehr bildete in Preußen der Bau der Gattung T 18. Die Zweizylinderloks mit einfacher Dampfdehnung hatten die Achsfolge 2´C 2´, waren also exakt symmetrisch ausgeführt. Mit ihren verhältnismäßig großen Treibrädern von 1650 mm konnten sie zunächst auf 90 und später auf 100 km/h in beiden Fahrtrichtungen zugelassen werden. Mit dieser Geschwindigkeit waren die Maschinen in der Lage, einen 350-t-Zug in der Ebene zu befördern. Aufgrund ihrer großen Laufruhe sind aber auch höhere Geschwindigkeiten, so beim Einfahren von Verspätungen, verbürgt. Nach einigen geringfügigen Verbesserungen war dies die wohl beste und erfolgreichste Personenzugtenderlok der deutschen Länderbahnen. In ihrer Langlebigkeit übertraf sie fast alle späteren Neukonstruktionen. Die erste im Jahr 1912 abgelieferte Lokomotive kam von der Stettiner Maschinenbau Vulcan AG. Dieser Hersteller zeichnete zwar als der Hauptlieferant für diese Baureihe verantwortlich; es beteiligten sich aber auch Henschel und Hanomag an der Fabrikation dieser Maschinen. Insgesamt wurden bis 1927 534 Fahrzeuge gebaut, von denen 458 die Preußischen Staatseisenbahnen bzw. die DRG erhielten. Der Rest ging an Privatbahnen. Die DRG übernahm 460 Maschinen aus Preußen und 20 der Württembergischen Staatseisenbahnen. Später kamen noch Loks der Saar-Eisenbahnen und der Lübeck-Büchener Eisenbahn hinzu. Darüber hinaus wurden einige T 18 von der Türkischen Staatseisenbahn (TCDD) beschafft. Zur DB kamen schließlich noch 424 Fahrzeuge, während bei der Reichsbahn der DDR lediglich 53 Stück verblieben. Einige auf kürzeren Pendelstrecken (z. B. zwischen Frankfurt/M und Wiesbaden) eingesetzte DB-Maschinen erhielten Wendezugeinrichtungen. Mit der 078 246 ging der Dienst dieser Baureihe am 31. Dezember 1974 bei der DB zu Ende; die DR musterte ihre letzten Maschinen bereits 1971 aus. Am 14. Mai 1967 entstand das Bild der 78 023 in Würzburg Hbf. (E. Fischer/Archiv GM)

Da die bisherigen preußischen Gattungen T 11 und T 12 den deutlich gestiegenen Zuglasten immer weniger gewachsen waren, wurde die Beschaffung weitaus stärkerer Personenzugtenderloks notwendig. Vor allem die Direktion Mainz forderte für den Zugverkehr zwischen den Haupt- und Kopfbahnhöfen Frankfurt/M und Wiesbaden eine leistungsmäßig der Personenzug-Schlepptenderlok P 8 entsprechende Maschine, die, um das zeitaufwendige Drehen zu vermeiden, vorwärts und rückwärts gleich schnell sein sollte. Im Interesse gleich guter Laufeigenschaften in beiden Fahrtrichtungen entschloss man sich zur Anschaffung einer Tenderlok mit der symmetrischen Achsfolge 2´C 2´. Kriegsbedingt geriet der Serienbau der als T 18 und späteren Baureihe 78 eingruppierten Lokomotive ein wenig ins Stocken und lief erst 1927 aus. Auch nach Ende des Zweiten Weltkrieges konnten beide deutsche Bahnen auf diese unverwüstlichen Maschinen auf lange Sicht nicht verzichten. Die Loks gelangten in der Mehrheit zur DB, die sie mehr oder weniger flächendeckend einsetzte. Bei der DDR-Reichsbahn spielten die wenigen dort verbliebenen Lokomotiven eine eher untergeordnete Rolle. Hier sehen wir die 78 271 des Bw Köln-Deutzerfeld mit dem aus Abteilwagen gebildeten P 3353 (Koblenz – Köln) am 15. Mai 1954 in den Bahnhof Bad Godesberg einfahren. (CB/Slg. Paulitz)

Rechts oben: Die Personenzugtenderlokomotiven der Baureihe 78 waren schon seit jeher im Bereich der Reichs- bzw. späteren Bundesbahndirektion Stuttgart heimisch. Erst im Juni 1969 erhielt das Bw Rottweil die Zuweisung einiger Aalener Maschinen. Diese Dienststelle wurde damit zum jüngsten und letzten Bw in der Geschichte dieser Baureihe bei der Deutschen Bundesbahn. Die Maschinen wurden in einen bescheidenen Umlauf eingebunden, der ihnen nicht allzu viel Leistung abverlangte. Zu Beginn des Jahres 1972 standen nur noch zwei einsatzbereite Lokomotiven zur Verfügung, die gerade noch für einen eintägigen Umlauf ausreichten. Nach der z-Stellung der 078 192 am 7. Juni 1973 blieb die Lok 078 246 allein übrig. Zusammen mit den letzten drei preußischen P 8-Lokomotiven wurde für sie ein gemeinsamer Umlauf aufgestellt. An einem strahlend schönen Novembertag des Jahres 1973 verlässt die 078 246 mit dem aus vier Umbau-Dreiachsern gebildeten P 3937 (Horb – Rottweil) den Bahnhof Oberndorf/Neckar und passiert gerade die Baulichkeiten der Mauser-Waffenfabrik. Für die starke Maschine bedeutete der Wagenpark keine Last. Am 31. Dezember 1974 schied die Maschine als letzte Lok dieser Baureihe aus dem DB-Betriebsdienst. Insgesamt sechs Maschinen, davon eine in Polen, sind erhalten geblieben. Lok 78 468 ist derzeit betriebsfähig.

Seit Oktober 1961 war die Baureihe 78 beim Bw Aalen heimisch, das damit zum wichtigsten Zentrum dieser Reihe in der BD Stuttgart wurde. Im Schnitt waren dort um zehn, manchmal aber auch mehr Maschinen, die mit dem größten Teil der Eil- und Personenzugleistungen in dieser Region gut ausgelastet waren. Tägliche Laufleistungen von 280 Kilometern und mehr waren keine Seltenheit. Mit der Umstationierung der letzten Maschinen zum Bw Rottweil endete im Januar 1970 die Geschichte dieser Baureihe in Aalen. Hier Lok 078 474 im Mai 1969 auf der Drehscheibe ihres Heimat-Bw.

82 027

Linke Seite: Die ab 1950 von Henschel in Kassel, später aber auch von Friedrich Krupp in Essen und von der Maschinenfabrik Esslingen gelieferten Tenderlokomotiven der Baureihe 82 zählten zum DB-Neubauprogramm. Mit ihr entstand eine schwere, fünffach gekuppelte Lokomotive mit 1400 mm Treib- und Kuppelraddurchmesser und Zwillingstriebwerk mit einfacher Dampfdehnung, deren Höchstgeschwindigkeit auf 70 km/h festgelegt werden konnte. Trotz der fünf gekuppelten Achsen war die Lokomotive so konstruiert, dass sie auch auf Strecken mit engen Gleisbögen verwendet werden konnte. Mit den 1955 abgelieferten vier letzten Maschinen wurde der Bau nach 41 Einheiten beendet. Ihre Domäne war der schwere Rangierdienst in Bremen und Hamm, aber auch in den Hafenstädten Hamburg und Emden war die 82 zu finden. Nachdem Dieselloks der Reihe 290 zur Verfügung standen, ging es auch der 82 an den Kragen. Das letzte Exemplar wurde am 24. August 1972 ausgemustert. Am 20. Juli 1967 befand sich die 82 027 im Bw Emden. (Edgar Fischer/Archiv GM)

Auch auf den Steilrampen des Westerwaldes waren 82er heimisch. Im September 1969 ist die 082 021 mit einem Güterzug in der Nähe von Ransbach unterwegs. (Edgar Fischer/Archiv GM)

Unten: Lok 82 040 hat an einem kleinen Unterwegsbahnhof bei Siershahn/Westerwald Kreuzung mit einem aus Neuwied kommenden Bauzug, der von einer Tender voraus fahrenden Lok der Baureihe 50 geführt wird.

Im nostalgisch-verklärten Rückblick mag die Arbeit mit der Dampflok romantisch erscheinen – aber ob sie das wirklich immer war? Die Aufnahme von der Versorgung einer Lok der BR 82 in Siershahn im Westerwald zeigt zumindest, wie anstrengend und aufwendig die Unterhaltung der „schwarzen Rösser" tatsächlich gewesen ist. Allein das Bekohlen war, zumindest in kleinen Lokbehandlungsanlagen, schwere körperliche Arbeit; hier im September 1969 an der 082 004 mittels Kohlenhunten, einem uralten, per Hand zu bewegenden, mechanischen Kran. An der anachronistischen Ausrüstung und Arbeitsweise hat sich seit Beginn des 20. Jahrhunderts kaum etwas geändert. (Edgar Fischer/Archiv GM)

Rechts oben: Vor dem Lokschuppen des Bw Emden gönnt sich die Lok 82 035 im Juli 1967 eine Ruhepause. Die starken Fünfkuppler übernahmen an diesem Standort Rangieraufgaben in Emden Rbf, im gesamten Hafengebiet und bespannten zudem Personenzüge auf der kurzen Strecke zwischen Emden-West und Emden-Außenhafen. (Edgar Fischer/Archiv GM)

Rechts unten: Die erste Neubaudampflok der Deutschen Bundesbahn überhaupt war die Baureihe 82. Es war eine vielseitig verwendbare Maschine, die auch im Streckendienst eingesetzt werden konnte. Die starke Lok war in der Lage, 800 t Zuggewicht in der Ebene mit der Maximalgeschwindigkeit von 70 km/h in Bewegung zu halten. Im September 1969 hat Lok 082 004 des Bw Koblenz-Mosel einen langen Nahgüterzug in Neuwied-Engers übernommen und versucht auf dem noch leidlich ebenen Abschnitt bei Wirges genügend Schwung für die Fahrt durch das steigungsreiche Brexbachtal zu holen. Die dortige Region war seinerzeit eines der letzten Rückzugsgebiete dieser durchaus kräftigen Tenderloks, die aufgrund der schnell fortschreitenden Dieselkonkurrenz ihre Vorteile nicht allzu lange ausspielen konnten. (Edgar Fischer/Archiv GM)

22
23
82 035
82 035

Eiseskälte vermittelt dieses an einem Dezembertag entstandene Foto einer von Raureif überzogenen Landschaft, auf dem die Lokomotiven 86 1333 und 1001 mit einem Nahgüterzug gemeinsam die Ausläufer des Marienberg-Gebirges zwischen der gleichnamigen Stadt in Richtung der unmittelbar an der tschechischen Grenze gelegenen Ortschaft Reitzenhain bezwingen. Die hier befahrene Flöhatalbahn ist eine 58 km lange Nebenbahn, deren 277 m hoch gelegener Ausgangspunkt Flöha bis auf eine Höhe von 776 m kontinuierlich ansteigt. Das letzte, 17 km lange Streckenstück bis Reitzenhain ist gleichzeitig der schwierigste Abschnitt, wobei dieser einen Höhenunterschied von 189 überwindet. Der Güterverkehr wurde 1994, der Personenverkehr bereits 1978 auf diesem Abschnitt eingestellt. Beide Maschinen haben tüchtig zu kämpfen, um die Fuhre am Laufen zu halten. Beachtenswert ist der hinter den Lokomotiven eingestellte Güterzug-Gepäckwagen der DR-Gattung PWG.

Die preußische Gattung T 14^{1} und spätere DRG-Baureihe 93 5-12 war die seit 1919 gebaute und mit größeren Vorräten ausgestattete Nachfolgerin der Gattung T 14. Es war eine schwere Güterzugtenderlokomotive mit Zwillingstriebwerk und der Achsfolge 1´D 1´, die bis 1924 in genau 768 Einheiten entstand. Nach Kriegsende verblieben 435 Maschinen in den Westzonen, während die Reichsbahn mit 133 Lokomotiven vorliebnehmen musste. Bei beiden Bahnverwaltungen waren sie in zahlreichen Bw vertreten. Die DB musterte die noch kurz zuvor in das EDV-Nummernverzeichnis aufgenommene 093 526 am 11. Dezember 1968 aus. Diese Lok blieb als einzige der Baureihe erhalten. im Sommer 1966 befindet sich die 1923 von Schichau in Elbing gebaute 93 998 unter dem Hochbunker des Bw Osnabrück. Am 16. September 1966 gab Osnabrück seine letzten 93 5 an das Bw Rheine ab.

Rechts oben: Die relativ wenigen DR Loks der Reihe 93^{5} befanden sich bei vielen Bw-Dienststellen des Landes im Einsatz. Ihr wichtigstes Zentrum war seit jeher das Bw Saalfeld. Auch die vor einer Garnitur Doppelstockwagen abgebildete 93 1036 war hier seit Oktober 1970 stationiert. Sie gehörte zu den fünf letzten Überlebenden Loks dieser Baureihe und wurde am 12. April 1971 abgestellt. (Slg. Brinker)

Rechts unten: Die DR-Baureihe 83^{10} war eine Mehrzweck- und Nebenbahnlokomotive des Neubauprogramms, bei der viele Baugruppen sowie auch die Achsfolge 1´D 2´ jenen der Baureihe 65^{10} entsprachen. Die Achslast betrug 15 t; die Höchstgeschwindigkeit 60 km/h. In der Ebene konnte eine Anhängelast von 1000 t in Bewegung gehalten werden. 1955/56 wurden 27 Maschinen abgeliefert, die aber Mängel aufwiesen. Als diese schließlich behoben waren, boten die neuen Dieselloks V 60 und V 100 bessere Alternativen. Die letzten vier Maschinen verschwanden bereits 1974. (Slg. Brinker)

93 1036-8

83 1001

Die zwischen 1914 und 1924 in insgesamt 1.236 Einheiten beschaffte preußische Gattung T 16 [1] und spätere DRG-Baureihe 94 [5] war zugleich die erfolgreichste und langlebigste Güterzugtenderlokomotive der Länderbahnen. Diese E-gekuppelte Zweizylinder-Heißdampflokomotive ging durch Überarbeitung und Verstärkung aus der Baureihe T 16 hervor. Die leistungsstarke Maschine war zunächst eine der Hauptstützen im schweren Rangier- und Übergabedienst, bis sich herausstellte, dass sie auch für den Steilstreckendienst bestens geeignet war und in vielen Fällen den kostenintensiven Zahnstangenbetrieb ersetzen konnte. Den Maschinen konnte in der Ebene eine Anhängelast von 1800 t bei 40 km/h zugemutet werden. Nach dem Zweiten Weltkrieg waren bei der DB noch 687 und bei der DR rund 250 Maschinen vorhanden. Bei der DR kamen die Lokomotiven besonders häufig auf den Steilrampen des Thüringer Waldes zum Einsatz. Abgebildet ist die Lok 94 1292 mit einem Personenzug auf dem steilsten, früher mit Zahnstange betriebenen Rampenabschnitt zwischen Stützerbach und dem Bahnhof Rennsteig. Die Lok muss sich sichtbar anstrengen, um ihre verhältnismäßig geringe Wagenlast über die bis zu 61,2 ‰ starke Steigung zu bringen. (Norman Künemund/Slg. Paulitz)

Bei der DB erhielten immerhin noch 144 Maschinen als Reihe 094 eine EDV-Betriebsnummer. Fünf Jahre später hatte sich ihr Bestand auf zwölf Lokomotiven reduziert, die im Laufe des Jahres 1974 alle ausgemustert wurden. Im August 1974 war die 1923 bei der BMA in Berlin entstandene Lokomotive 094 640 als Letzte ihrer Art noch in Emden aktiv. Hier sehen wir die bereits ihrer Schilder beraubte Maschine auf der Drehscheibe ihres Heimat-Bw.

Mit der Entwicklung der schweren Güterzugtenderlokomotive der Gattung XI HT hatte die Sächsische Staatsbahn beim Bau von Fünfkupplern eine Vorreiterrolle übernommen. Zwischen 1908 und 1923 entstanden insgesamt 163 dieser als DRG-Baureihe 94 [20-21] eingereihten Maschinen bei der Firma Richard Hartmann in Chemnitz. Hiervon übernahm die DRG 139 Loks, die nach Kriegsende noch fast alle vorhanden waren und bei der DR verblieben. Bis Dieselloks in ausreichender Stückzahl zur Verfügung standen, erfolgte ihr Einsatz im sächsischen Raum vor Reise- und Güterzügen. Die letzten Loks befanden sich bis Herbst 1975 auf der Steilstrecke von Eibenstock im Einsatz. Diese kurze Nebenbahn war mit 50 ‰ Neigung die steilste Bahnstrecke Sachsens. Das Foto zeigt 94 2087 im Jahr 1967 in Eibenstock unterer Bahnhof. (Otte/Slg. Brinker)

Links unten: Die schweren Güterzugtenderlokomotiven der DRG-Baureihe 95 gehörten zweifelsohne zu den größten und eindrucksvollsten Maschinen auf deutschen Schienensträngen. Da die Lok noch in der letzten Zeit der preußischen Staatsbahn entstand, wurde sie auch als preußische Gattung T 20 bezeichnet. Mit dieser in 45 Einheiten gebauten 1´E 1´-Maschine war die bislang schwerste und stärkste Hauptbahn-Tenderlokomotive entstanden. Die als Zwillingslok konstruierte Maschine sollte hauptsächlich Zug- und Schiebedienste auf den langen Steigungen der Mittelgebirgsstrecken verrichten, wobei sie aus dem Flachland kommende Züge auch auf Bergstrecken weiterbefördern sollte, ohne dass diese geteilt werden mussten. Charakteristisch waren das sehr kräftig ausgebildete Triebwerk und der hochliegende wuchtige Kessel. Da sie in der Lage waren, Neigungen von bis zu 70 ‰ zu bewältigen, lösten sie nicht wenige Zahnradlokomotiven ab. Wichtige Einsatzgebiete der schon bald als „Bergkönigin" bekannt werdenden Maschine waren die Steilstrecken im Thüringer- und Frankenwald, die Spessartrampe, die Geislinger Steige und die Rübelandbahn im Harz. Im Einsatz erfüllten die Maschinen alle Erwartungen und bewährten sich hervorragend. Nach dem Krieg verblieben 31 Stück bei der DR. 24 davon wurden auf Ölfeuerung umgerüstet. Die letzten Einheiten wurden 1981 beim Bw Probstzella abgestellt. Auf diesem Foto ist die rostgefeuerte 95 016 mit einem Personenzug bei Unterloquitz unterwegs. (Norman Künemund/Slg. Paulitz)

Die Güterzugtenderlokomotive 95 027 wurde 1923 bei den Hanomag-Werken in Hannover-Linden gebaut. Wie alle übrigen Mitglieder dieser Baureihe, war auch sie neben der serienmäßigen Knorr-Druckluftbremsanlage mit einer Riggenbach-Gegendruckbremse ausgerüstet. Die Maschine gehörte zu den 24 seit 1964 auf Ölhauptfeuerung umgebauten Maschinen. Dieser Umbau erfolgte erst 1971, und die 95 027 zählte zu den letzten vier Einheiten, die bis 1973 diese Feuerungsart erhielten. Anfangs war die Lokomotive dem Bw Suhl zugeteilt, blieb dann aber mehr als 20 Jahre beim Bw Arnstadt. Zwischen 1950 und 1969 wechselte die Maschine zunächst nach Blankenburg und anschließend nach Güsten. Ihre letzten 23 Einsatzjahre verbrachte die nach der EDV-Umzeichnung nun als 95 1027 geführte Maschine beim Bw Probstzella. Zusammen mit ihren Baureihenschwestern bespannte sie hauptsächlich Personen- und Güterzüge auf dem Abschnitt Saalfeld – Sonneberg. Am Ende der 95er-Einsatzzeit setzte die DR neben Doppelstockeinheiten überwiegend vierachsige Rekowagen aus der Produktion des Raw Halberstadt ein. Hier ist ein aus zwei Doppelstockwagen und einem Rekowagen gebildeter Personenzug auf dieser Strecke im Einsatz. Immerhin blieben fünf Lokomotiven erhalten, von denen eine betriebsfähig ist. (Slg. Paulitz)

Die Lokomotiven der bayerischen Gattung Ptl 2/2 und späteren DRG-Baureihe 98 [3] wurden für eine wirtschaftlichere Betriebsführung der zahlreichen bayerischen Lokalbahnen entwickelt. Die erstmals 1908 in Dienst gestellten Maschinen waren kleine zweiachsige Tenderlokomotiven mit halbselbsttätiger Schüttfeuerung für Einmannbedienung. Der Wasservorrat war innerhalb des Rahmens untergebracht. Diese wohl populärsten Lokalbahnloks wurden im Volksmund bald „Glaskasterl" genannt. Die Maschinen waren mit 50 km/h verhältnismäßig schnell, zuverlässig und sparsam. Von den insgesamt 29 von Krauss gelieferten Maschinen übernahm die DRG noch neun Exemplare. Die letzte Lok, die 98 307, war bis 1963 als „Spalter Bockerl" auf der Strecke Spalt – Georgsgemünd im Einsatz. Zehn Jahre zuvor war die 98 318 mit dem P 2176 bei Fünfstetten unterwegs. (Slg. Brinker)

Rechts oben: Mit den ersten der seit 1911 in Dienst gestellten bayerischen vierfach gekuppelten Lokomotiven der Gattung GtL 4/4 begann bei dieser Staatseisenbahn eine neue Ära im Lokalbahnverkehr. Einschließlich der Nachbauten entstanden bei Krauss insgesamt 119 der als DRG-Baureihe 98 [8-9] eingereihten Zweizylinder-Heißdampfmaschinen. Als letztes Exemplar wurde die Lok 98 812 beim Bw Schweinfurt ausgemustert. Dieses Bild zeigt die neben dem ET 182 11 abgebildete Lok 98 823 im Juli 1950 beim Halt im Bahnhof München-Thalkirchen. (Slg. Brinker)

Rechts unten: Die im Jahr 1908 als „Bayern 4516" in Dienst genommene Lok 98 308 ist hier auf der Drehscheibe des Bw Freilassing abgebildet. Diese Maschine gehörte zu jenen neun Lokomotiven, die mit einer Blindwelle ausgerüstet waren. Die Serie blieb bis in die späten 1950er-Jahre bei mehreren Lokalbahnen in den Direktionsbezirken Augsburg, München, Nürnberg und Regensburg. Um 1960 wurden die letzten Maschinen ausgemustert. (Slg. Brinker)

ET 182 11
98 823
98 823

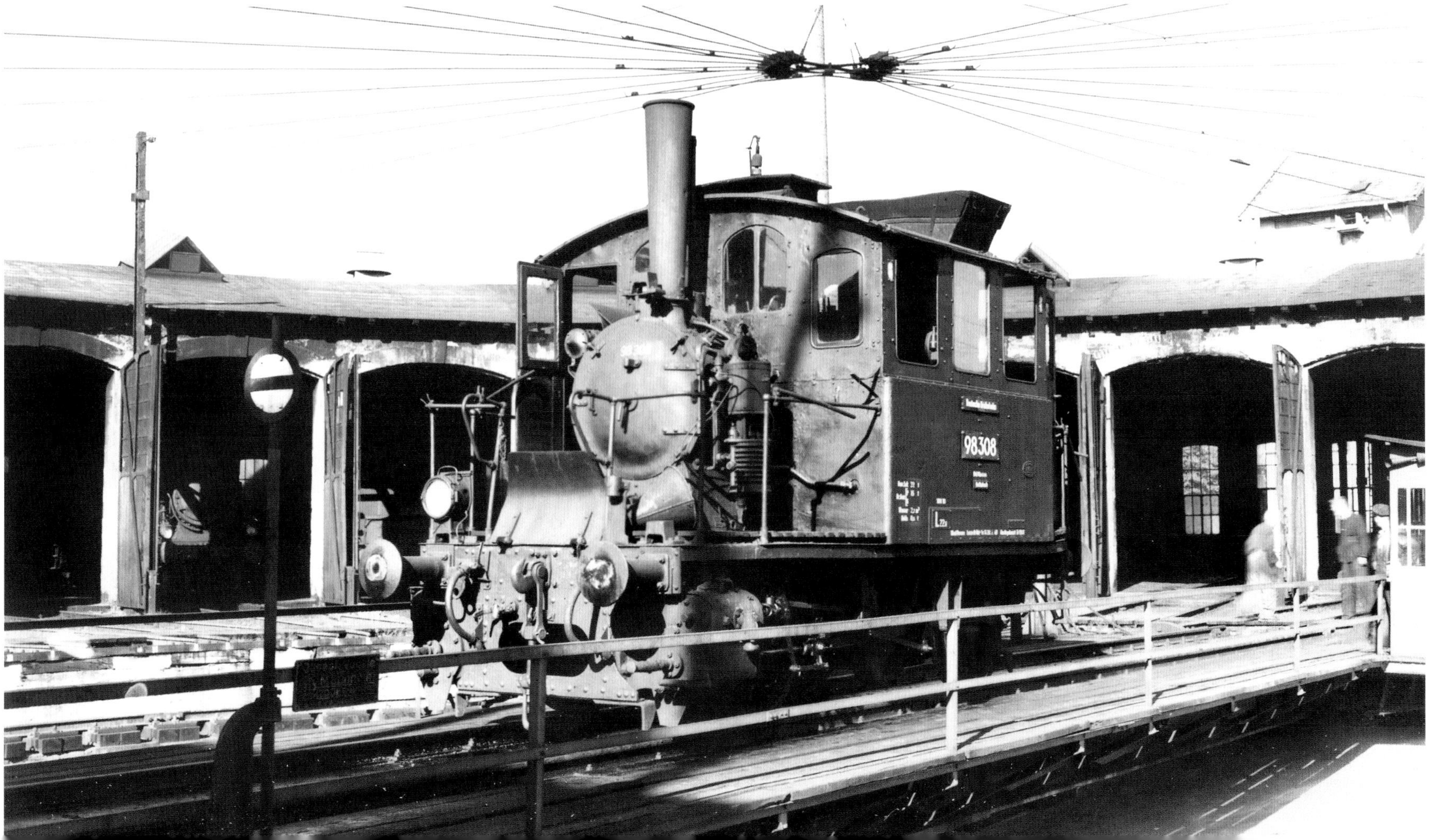
98 308

8 886
GLEIS 3

Links oben: Die zuletzt vom Bw Schweinfurt auf der Strecke von Neustadt nach Königshofen eingesetzte Lokalbahnlokomotive 98 886 wurde am 4. März 1970 ausgemustert. Damit war dies die zweitletzte Maschine dieser Baureihe, die außer Dienst gestellt wurde. Noch wenige Jahre zuvor wurde die Lok vor einem Personenzug in Neustadt fotografiert. (Alfred Luft)

Links unten: Für die Steilstrecke Honau – Lichtenstein ließ die Württembergische Staatsbahn die schweren Zahnradlokomotiven der Gattung Hz von der Maschinenfabrik Esslingen entwickeln. Die Ablieferung der vier Maschinen erfolgte in den Jahren 1923 und 1925 direkt an die Deutsche Reichsbahn. Es waren die stärksten deutschen Zahnradloks, die bis 1962 ausgemustert wurden. Zahnrad-Schienenbusse brachten das betriebliche Ende für diese Baureihe. Die 97 501, die hier am 11. Juli 1953 auf ihrer Stammstrecke zu sehen ist, wurde erst unlängst in sehr aufwendiger Arbeit wieder betriebsfähig hergerichtet. (Slg. Brinker)

Die bayerische Lokalbahngattung GtL 4/4 hatte sich im Einsatz zwar gut bewährt, besonders nachteilig war allerdings ihre geringe Höchstgeschwindigkeit von 40 km/h. Daher entschloss sich die DRG im Jahr 1934, einige dieser Maschinen zu 1´D-Tenderloks umzubauen. Die beim RAW Weiden vorgenommene Veränderung erlaubte bei den 29 umgebauten Maschinen eine Endgeschwindigkeit von immerhin 55 km/h. Bis auf eine blieben alle Maschinen bei der DB, die sich bis März 1968 von ihnen trennte. Hier befindet sich die 98 1116 mit einer Garnitur Dreiachs-Umbauwagen B 3yg nebst einem Gepäckwagen aus der Länderbahnzeit auf der Strecke. (Slg. Brinker)

Die im Jahr 1939 für verschiedene Bahngesellschaften der Harzer Schmalspurbahnen projektierte Meterspur-Dampflok 99 6001 blieb als Baumusterlokomotive eine Einzelgängerin. Diese Maschine sollte am Anfang einer Serie moderner Heißdampflokomotiven unterschiedlicher Achsfolgen stehen, von denen aber nur diese 1´C 1´-Lok realisiert wurde. 1961 fand diese Lok bei der Selketalbahn ihre endgültige Heimat, auf der sie bis heute nach wie vor eingesetzt wird. Hier wartet sie im Bahnhof Gernrode auf Ausfahrt. (Slg. Paulitz)

DIE KLEINEN

Dampflokomotiven auf schmaler Spur

Als Inbegriff aller Eisenbahnromantik kann sich heute ein schmalspuriger Kleinbahnzug überall der Bewunderung von Jung und Alt sicher sein. Kein Wunder, denn im Zeitalter der Elektronik, Computertechnik, der massiv zunehmenden Reizüberflutungen und des beruflichen Leistungsdrucks wächst der Wunsch, den alltäglichen Belastungen zu entfliehen und in die nur vermeintlich „gute alte Zeit" einzutauchen. Als gewissen Ausgleich haben nicht wenige Menschen das Interesse an der technischen Nostalgie und somit auch am Dampflokbetrieb entdeckt. Zu den ausgewiesenen Favoriten gehören hier die Kleinbahnen. Denn das Läuten und Pfeifen der kleinen Züge, der beschauliche Betriebsablauf und das meist ländliche Umfeld dieser Bahnen wecken oft Kindheitserinnerungen und helfen, Alltagsstress und Sorgen zumindest zeitweise in den Hintergrund zu drängen. So ist es zu erklären, dass die wenigen überlebenden Klein- und Privatbahnstrecken heute stärker denn je nicht nur in der Gunst der „echten" Eisenbahnfreunde, sondern auch in der des „normalen" Publikums als Touristikbahnen stark gestiegen sind.

Das war nicht immer so, denn im Gegensatz zu den großen Hauptbahnen führten die Neben- und Schmalspurlinien früher meist ein wenig beachtetes Dasein. Abgesehen von ihrem meist wenig spektakulären rollenden Material lag ein weiterer Grund für ihre geringer ausgeprägte Anziehungskraft darin, dass diese Strecken meist nur eine regionale Bedeutung besaßen. Dabei hatten die entweder aus privater oder kommunaler Initiative entstandenen Stich- oder Verbindungsstrecken einen nicht zu unterschätzenden Anteil am Aufblühen ganzer Landstriche. Kaum mehr vorstellbar ist heute die große Bedeutung, welche früher die Neben- und Kleinbahnen für die wirtschaftliche Erschließung eines Landes hatten. Vor allem nach der Reichsgründung im Jahr 1871 setzte eine geradezu stürmische wirtschaftliche Entwicklung ein, die Deutschland binnen kurzer Zeit weltweit zu einer der wichtigsten Industrienationen aufsteigen ließ. Die aufstrebende Wirtschaft verlangte eine flächenmäßige Erschließung des Landes – einschließlich der abgelegenen Zonen – mittels Eisenbahnen. Das ließ den Gedanken an weniger aufwendige Anschluss- und Zubringerbahnen heranreifen. Erst mit der Eisenbahn siedelte sich in dem bislang wenig erschlossenen Hinterland Industrie an, blühten Handel und Gewerbe auf, wurde der Abtransport landwirtschaftlicher und industrieller Güter möglich. In Anbetracht des fast gänzlichen Fehlens von Individualverkehr und anderer Beförderungsmöglichkeiten stellten diese Bahnen für eine lange Zeit praktisch die einzigen Verbindungen für die Personen- und Güterbeförderung dar. Sie verbanden viele der abgelegenen Landstriche sprichwörtlich mit der großen weiten Welt. Im Jahr 1942 erreichte das für das Deutsche Reich ausgewiesene Schmalspurnetz mit einer Gesamtlänge von 8.750 km seine größte Ausdehnung.

Streckensterben und Touristikbahnen

Bis weit in die 1950er-Jahre blieb das ausgedehnte Netz dieser Bahnen in Ost und West weitgehend intakt. Im westlichen Teil Deutschlands nahmen die Straßenkonkurrenz in Form von Lastwagen und Bussen sowie der Individualverkehr schon bald einen starken Aufschwung und ließen die Zahl der Bahnen ständig schrumpfen. Trotz Umstellung von Dampf- auf Dieselbetrieb hatte man dieser Entwicklung auf Dauer kaum etwas entgegenzusetzen, zumal gerade dieser Aufgabenbereich viel wirtschaftlicher mit Kraftfahrzeugen erfüllt werden konnte. Übrig blieben nur jene Betriebe, deren Verkehrsaufkommen entweder Rentabilität sicherte oder eine Rolle als touristische Attraktion spielte. Es waren nur wenige Bahnen, die dem Streckensterben entgehen konnten. Die letzte Schmalspurdampflokomotive der DB wurde 1969 ausgemustert.

Die Bottwartalbahn war eine 750-mm-Schmalspurbahn zwischen Marbach/Neckar und Heilbronn. Der rasch zunehmende Individualverkehr führte 1966 zur Einstellung des Personenverkehrs. Am 8. Mai 1964 konnte Lok 99 672 im Bahnhof Heilbronn-Süd abgelichtet werden. (Hans Schmidt/Slg. Brinker)

Anders als in Westdeutschland hatten die Schmalspurbahnen auf dem Gebiet der DDR wegen des anfangs nur sehr schwach entwickelten Straßenverkehrs weiterhin auch auf längere Sicht eine wichtige Zubringerrolle zu übernehmen. Erst das Erstarken der landeseigenen Kraftfahrzeugindustrie

99 3353
DR

Links oben: Die Schlepptender-Schmalspurdampflok 99 3353, eine Maschine für 600 mm Spurweite, gehörte einst der Mecklenburg-Pommerschen Schmalspurbahn (MPSB). Die 1970 in Wegezin-Dennin entstandene Aufnahme bot noch echte, heute längst vergangene Kleinbahnromantik. (Otte/Slg. Brinker)

Links unten: Die auch unter dem Namen Preßnitztalbahn bekannt gewordene Schmalspurbahn von Wolkenstein nach Jöhstadt gehörte zu den 750-mm-Bahnen im sächsischen Erzgebirge. Leider wurde diese landschaftlich sehr reizvolle, 24 Kilometer lange Strecke zwischen 1984 und 1986 gegen starke regionale Widerstände in der Bevölkerung stillgelegt. Mittlerweile gibt es auf dem neun Kilometer langen Teilstück Jöhstadt – Steinbach einen Museumsbetrieb mit Dampflokomotiven. Im Februar 1980, als die IV K-Lokomotive 99 1590 mit einem Personenzug unter Volldampf die tiefverschneite Landschaft in Richtung Jöhstadt bei Streckenwalde befährt, war die Eisenbahnwelt dort noch in Ordnung. Im Hintergrund befinden sich die Baulichkeiten des VEB Holzpappenwerks Streckenwalde.

Die zwischen 1889 und 1907 beschafften Meterspurloks der Gattung L 1, zu der auch die abgebildete 99 087 gehörte, waren dreifach gekuppelte, vollverkleidete Nassdampf-Trambahnlokomotiven, die von der Pfalzbahn eingesetzt wurden. Hier zu sehen im November 1952 vor dem P 3787 bei Neustadt/Weinstraße. (Slg. Brinker)

und der damit verbundenen Zunahme des Individualverkehrs führte bis zum Beginn der 1970er-Jahre zu vermehrten Streckenstilllegungen. Gegen Ende der 1960er-Jahre durchgeführte Untersuchungen führten zu dem Ergebnis, dass ein Fortbestand fast aller Strecken nur bei einer durchgreifenden Erneuerung der im Laufe der Jahre heruntergewirtschafteten Anlagen und Fahrzeuge sinnvoll wäre. 1974 wurde festgelegt, dass sieben Schmalspurbahnen mit 210 km Streckenlänge als Touristikbahnen zu erhalten seien. Dies betraf vor allem die Bahnen im Harz, einige Strecken im Erzgebirge und in Sachsen, die Rügenschen Kleinbahnen sowie die Bäderbahn Bad Doberan – Kühlungsborn.

Heute werden die wenigen noch existierenden Bahnen überwiegend für den Fremdenverkehr betrieben. In Sachsen gibt es mehrere, zum Teil als reine Museumsbahnen betriebene Schmalspurstrecken, auf denen regelmäßig Dampflokomotiven zum Einsatz kommen, die teilweise auch nach festen Fahrplänen verkehren. An der Ostsee sind es die Rügenschen Kleinbahnen und die Bäderbahn Bad Doberan – Kühlungsborn, die eine große Touristenattraktion ausüben. Das umfangreichste zusammenhängende, überwiegend von Dampfloks bediente Streckennetz Europas betreiben die 1993 privatisierten Harzer Schmalspurbahnen. Der eigentliche Regionalverkehr spielt hauptsächlich im Berufs- und Schülerverkehr nur noch auf einigen Abschnitten eine bedeutendere Rolle. Zur Bedienung des gesamten Streckennetzes stehen u. a. etwa 15 betriebsfähige Dampflokomotiven zur Verfügung. Im Jahr 2012 nutzten fast 1,2 Millionen Fahrgäste die Züge der HSB – bei steigender Tendenz.

Die 750-mm-Kleinbahnen des Kreises Jerichow waren seit 1949 der Deutschen Reichsbahn angegliedert. Die zwei neuesten 1´D-Heißdampfmaschinen kamen 1938 von Henschel/Kassel und wurden unter den DR-Betriebsnummern 99 4801 und 4802 eingeordnet. Nach der Streckenstilllegung gelangten sie zur Rügenschen Kleinbahn, wo sie noch heute vor Touristikzügen eingesetzt werden. Dieses Bild zeigt die 99 4802 auf ihrer alten Stammstrecke in Burg bei Magdeburg. (Slg. Brinker)

Die bis 1885 in Betrieb genommene 750-mm-Schmalspurbahn von Oschatz über Mügeln nach Döbeln, auch Döllnitzbahn genannt, war eine der ersten schmalspurig ausgeführten Strecken Sachsens. Während die von Mügeln aus weiterführende Linie bis Döbeln wegen des zu geringen Verkehrsaufkommens bereits 1968 stillgelegt wurde, entwickelte sich der 11,4 Kilometer lange Abschnitt zwischen Mügeln und Oschatz, besonders auch der auf Rollböcken abgewickelte Güterverkehr, sehr positiv. Trotz allem war eine Stilllegung im Personenverkehr bis 1975 vorgesehen, wovon der Güterverkehr aber nicht betroffen sein sollte. Eine Wende in der Verkehrspolitik der DDR brachte die völlig unerwartete Energiekrise, als 1981 das von der Sowjetunion bezogene Erdöl nur noch in einer geringeren Menge und überdies zu einem wesentlich höheren Preis zu Verfügung stand. Die ursprünglichen Stilllegungspläne wurden nun nicht mehr weiter verfolgt; die völlig verschlissenen Gleisanlagen dagegen bis 1984 komplett erneuert. Auch nach der Wiedervereinigung konnte dieser Streckenabschnitt erhalten bleiben, wenngleich er heute nur noch von Sonder- und Schülerzügen befahren wird. Auf diesem Bild fährt die schwarz qualmende Lok 99 1564 mit einem Personenzug durch eine hochnebelartig bewölkte, von einer dünnen Schneedecke überzogene Landschaft. Im Hintergrund ragen die beiden mächtigen 75 m hohen Türme der St. Aegidienkirche von Oschatz empor. (Slg. Paulitz)

Die zwischen den Bahnhöfen Freital-Hainsberg und dem Kurort Kipsdorf seit 1883 betriebene, auch unter dem Namen Weißeritztalbahn bekannt gewordene 750-mm-Schmalspurlinie überwindet auf einer Länge von 26 Kilometern einen Höhenunterschied von 350 m. Zwischen dem Ausgangsbahnhof und dem Bahnhof Rabenau folgt die Bahn dem engen Tal des Flüsschens Weißeritz und hat dieses auf insgesamt zwölf Brücken zu überqueren. Ein besonders markantes Bauwerk ist ein 170 m langes Steinviadukt, das den Ort Schmiedeberg durchquert. Im Sommer 1978 befand sich die Schmalspur-Neubaulok 99 1734 mit einem Personenzug auf der Fahrt nach Kipsdorf, als sie das durch die malerische Ortschaft geführte Viadukt befuhr.

99 1734-5

997204

99 637

Links oben: Die von 1905 bis 1973 betriebene, 27,5 Kilometer lange Meterspurstrecke zwischen den Orten Mosbach und Mudau lag im südlichen Odenwald. Die Linie stieg kontinuierlich und überwand dabei den beachtlichen Höhenunterschied von 305 m. Die 1904 von den Berliner Borsig-Werken beschafften vier dreifach gekuppelten Lokomotiven wurden 1964/65 ausgemustert. Dieses Bild zeigt die 99 7204 mit einem Personenzug in Mudau. (Slg. Brinker)

Links unten: Die 750-mm-Malletlokomotiven der Baureihe Tssd wurden ab 1899 von der Württembergischen Staatseisenbahn beschafft. Die neun Loks kamen auch auf der Federseebahn zwischen Schussenried und Riedingen zum Einsatz. Auf diesem Bild steht Lok 99 637, die am 25. März 1965 ausgemustert wurde, abfahrbereit im Bahnhof Riedlingen. (Slg. Brinker)

Die auch einfach „Molli“ genannte Bäderbahn von Bad Doberan nach Kühlungsborn ist eine 15,4 Kilometer lange, dampfbetriebene Schmalspurbahn mit 900-mm-Spurweite, die – vor allem als Touristenattraktion – auch heute noch frequentiert wird. Vor allem die gleich einer Straßenbahn auf der Mollistraße durch die Ortsmitte von Bad Doberan geführte Streckenführung ist heute wohl einmalig in Deutschland. Leider hat diese Örtlichkeit nicht nur durch Straßen- und Gebäudesanierung, sondern vor allem durch die unpassend grellen Werbebotschaften unserer Wegwerfgesellschaft nach der politischen Wende sehr vieles von ihrem ursprünglichen, einfachen Flair eingebüßt. Der Betrieb wird von drei 1932 von Orenstein & Koppel gelieferten, 50 km/h schnellen Zweizylinder- 1´D 1´-Tenderlokomotiven bewältigt, wozu sich sogar noch ein 2009 durch das DB Werk Meinigen erstellter Nachbau gesellt. Für den Einsatz vor kurzen Außersaisonzügen im Winter steht zudem noch die Ex-Wismut-Lok 99 331 zur Verfügung. Dieses Foto zeigt die Lok 99 2322 bei der Ortsdurchfahrt am Haltepunkt Goethestraße. (Slg. Paulitz)

Die von Freital-Hainsberg zum Kurort Kipsdorf führende Weißeritztalbahn ist eine 750-mm-Schmalspurbahn, die 1883 dem Verkehr übergeben wurde. Ihre Länge beträgt 26 Kilometer, wobei sie einen Höhenunterschied von 350 m überwindet und bis 534 m an ihrem Endpunkt ansteigt. Hatte bereits ein Hochwasser im Sommer 1897 enorme Schäden an der Strecke hinterlassen, so wurden diese bei dem sogenannten Jahrhunderthochwasser im August 2002 noch bei Weitem übertroffen. Abschnittsweise wurde der gesamte Bahnkörper einschließlich der Bahnhöfe vollständig weggespült. Aufgrund der hohen Kosten kamen die Wiederaufbauarbeiten nur sehr schleppend in Gang und werden zur Gänze voraussichtlich erst gegen Ende des Jahres 2015 abgeschlossen sein. Als an einem kalten und schneereichen Wintertag des Jahres 1987 die 1916 von Hartmann in Chemnitz gebaute IV K-Lokomotive 99 1606 im Bahnhof Rabenau zum Halten kam und sich zur Weiterfahrt in Richtung Kipsdorf bereit machte, lag diese Katastrophe noch in weiter Ferne.
Für die junge Mutter mit ihren auf einem Schlitten sitzenden drei kleinen Kindern ist der Anblick dieser als erhaltenswertes Kulturgut zählenden schwarz qualmenden Dampflok ganz gewiss etwas Besonderes. (Slg. Paulitz)

Die Bahnstrecke Wolkenstein – Jöhstadt, auch Preßnitztalbahn genannt, war eine ebenfalls in 750-mm-Spurweite verlegte, 1892 fertiggestellte Schmalspurlinie. Trotz des erheblichen Frachtaufkommens wurde auf der rund 24 Kilometer langen Strecke bis zum Ende des Jahres 1986 abschnittsweise zunächst der Personenzugverkehr, dann auch der Güterverkehr komplett eingestellt. Und dies trotz massiver Proteste durch die Bevölkerung. Um vollendete Tatsachen zu schaffen, erfolgten bald darauf der Rückbau der Gleisanlagen und die Demontage und Zerlegung der wichtigen Brückenbauten. Intern spricht man davon, dass den damaligen Entscheidungsträgern die Sanierungskosten für die vollkommen heruntergewirtschaftete Bahn viel zu hoch gewesen waren. Nach der politischen Wende hatte die 1992 ins Leben gerufene IG Preßnitztalbahn mit diesen Hinterlassenschaften zu kämpfen. Immerhin gelang es ihr in mühevoller Arbeit, bis zum Jahr 2000 den Abschnitt von Steinbach bis Jöhstadt als dampfgeführte Museumsbahn wieder in Betrieb zu nehmen. Im August 1979 hingegen lief der Betrieb auf dieser landschaftlich so reizvollen Bahn noch wie gewohnt. Die Lokomotive 99 1606 überquert mit einem Schmalspurpersonenzug einen der vielen unbeschrankten Straßenübergänge in der Nähe des Haltepunkts Großrückerswalde.

Auf dem Netz der Harzer Schmalspurbahnen ließ sich um die Mittagszeit die gleichzeitige Ausfahrt zweier Dampfzüge aus dem Bahnhof Alexisbad mit etwas Glück und vorheriger Ab- und Rücksprache mit den Lokpersonalen bis zum Ende des Sommerfahrplans 1984 erleben. Wie hier noch zu Planzeiten im Jahr 1982, als die rechts abgebildete 99 7233 mit dem P 14454 in Richtung Harzgerode und der P 69714 mit der 99 5902 nach Hasselfelde sich unter furchterregend schwarzen Rauchwolken um Parallelfahrt bemühten. Die eigentlich um zwei Minuten differierenden Ausfahrtzeiten wurden zur Freude der Fotografen von verständnisvollen Lokpersonalen gerne etwas „angenähert". Heute kann man dieses sehenswerte Spektakel nur noch im Rahmen größerer Sonderfahrten genießen.
(Slg. Paulitz)

Rechts oben: Die in Fairlie-Bauart im Jahr 1902 in nur drei Einheiten gebauten Meterspurloks der DRG-Reihe 99 [16] wurden als Gattung I M bezeichnet. Sie wurden für die im Rollbockverkehr betriebene Bahnlinie Reichenbach/Vogtland – Oberrheinsdorf beschafft. Während die 99 161 im Jahr 1963 ausgemustert und verschrottet wurde, blieb die 99 162 als nicht betriebsfähiges Relikt bis heute erhalten. (Slg. Brinker)

Rechts unten: Eine Spurweite von 750 mm besaßen die für das Stettiner Verkehrsunternehmen Lenz & Co. ab 1913 gebauten, D-gekuppelten Lokomotiven. Zusammen mit einer Schwestermaschine gelangte die Lok 99 4631 auf dem Netz der Rügenschen Kleinbahn – hier aufgenommen im Bahnhof Göhren – zum Einsatz. (Slg. Brinker)

DR

99 4631-0
99 4631-0

Ein stimmungsvoller Sonnenaufgang an der Harzquerbahn. Die vorausgegangene Nacht hat das Thermometer auf weit unter 15 Minusgrade sinken lassen. Der Blick schweift über die weite, mit Raureif überzogene Landschaft, die die große Kälte erahnen lässt. Unter einer mächtigen Wolke des Abdampfes zieht davon völlig unbeeindruckt die im Jahr 1956 gebaute Tenderlok 99 7245 mit einem Schmalspurpersonenzug im Gegenlicht des noch jungen Tages vorbei am frierenden Lichtbildner, der sich anschließend schnell wieder in seine eisgekühlte Blechkarosse begibt, ihres Weges. Eine solch eindrucksvolle Stimmung aus Rauch und Dampf wird wohl kaum jemals eine Diesel- oder Ellok zuwege bringen können. Sie kann eben nur eine Dampflokomotive verbreiten!